杭州市科协科普专项资助

神奇的数学（二）

金义明　著

U0396180

浙江工商大学出版社 | 杭州
ZHEJIANG GONGSHANG UNIVERSITY PRESS

图书在版编目(CIP)数据

神奇的数学. 二 / 金义明著. —杭州：浙江工商
大学出版社，2019.1
　　ISBN 978-7-5178-3041-2

　　Ⅰ. ①神… Ⅱ. ①金… Ⅲ. ①数学—普及读物 Ⅳ.
①O1-49

中国版本图书馆 CIP 数据核字(2018)第 264551 号

神奇的数学(二)
SHEN QI DE SHU XUE(ER)
金义明 著

责任编辑	唐　红　谭娟娟
封面设计	林朦朦
责任印制	包建辉
出版发行	浙江工商大学出版社
	(杭州市教工路 198 号　邮政编码 310012)
	(E-mail：zjgsupress@163.com)
	(网址：http://www.zjgsupress.com)
	电话：0571－88904980，88831806(传真)
排　　版	杭州朝曦图文设计有限公司
印　　刷	杭州半山印刷有限公司
开　　本	880mm×1230mm　1/32
印　　张	7.875
字　　数	182 千
版 印 次	2019 年 1 月第 1 版　2019 年 1 月第 1 次印刷
书　　号	ISBN 978-7-5178-3041-2
定　　价	32.00 元

前　言

数学的重要性毋庸置疑，但还是有很多人认为数学只是一门考试的科目，不清楚数学究竟有什么用，甚至认为除了简单的算术在生活中有用，那些复杂的数学似乎和我们相距很远，在人类的生活中似乎难以寻觅到它们的芳踪。

其实，我们生活的这个世界，从自然界到人类社会，从科技到艺术，从经济到军事，方方面面，角角落落，数学无时不在，无处不在，总在不经意间起着作用。数学家华罗庚曾说过，宇宙之大，粒子之微，火箭之速，化工之巧，地球之变，生物之谜，日用之繁，无处不用数学。

亲爱的同学，你是否曾经在一个仲夏之夜，站在空旷的田野上，抬头仰望天空，看到满天的繁星，感叹宇宙的浩瀚，但你是否知道，数学家曾用数学公式，捕捉到它们的身影？你是否曾经在一个深秋的早晨，观察路边小草上挂着露珠的蜘蛛网，你是否知道，黏性的蜘蛛丝，负着水滴的重量，弯曲成一条条精致的悬链线，整整齐齐，晶莹剔透？你也许曾经在一家美术馆，欣赏达•芬奇的名画《抱银貂的女人》，在惊叹大师高超技艺的同时，你是否知道，大师在绘画时苦苦思索的，竟是贵夫人颈上佩戴项链的曲线方程是什么？当你看到一幅幅缤纷绚丽的分形图片时，又是否知道，它们竟是用数学公式编出来的？

本丛书从日常生活、自然界、艺术、经济、军事等方面，选取了大量与数学有关的有趣题材，让你在轻松阅读中，受到数学文化的熏陶，开启一扇又一扇的知识大门，激发探索的好奇心和求知欲，播下一颗颗知识的种子，在你以后的学习生涯中，生根、萌芽、开花、结果，甚至长成参天大树。书中没有烦琐的数学公式，而是一个个生动有趣的小故事，让你在惊讶之后，欲罢不能地去思考，体验思考带来的快乐，在快乐中领略到数学的神奇、数学的美丽、数学的力量……在不知不觉中增进对数学本质的理解，深刻地感受数学、领悟数学。

本书试图通过大量有趣的故事，带领读者从"数学好玩"走向"玩好数学"的境界。有别于其他同类图书，本书很多故事具有原创性和现代感，读来轻松愉快，不觉晦涩难懂，对青少年有较强的吸引力和感染力。本书将带你走进一个神奇的数学世界，领略数学的无限魅力，遨游在数学的海洋里。数学王国真是一个奇妙的世界，一些貌似简单的东西总能演绎出意想不到的精彩！如果你是一个有心人，加上爱动脑会想象，你一定会有别人难以领略到的别样的收获。今天，就让我们一起走进这个神奇国度，感受它的无穷魅力吧！

本书是一本数学科普读物，适合小学高年级学生和初中生阅读，也可供其他数学爱好者（包括成人）阅读。

本书在写作过程中参考了大量的数学类图书和文献（书后附有主要的参考文献），谨向这些图书和文献的作者表示真诚的谢意。另外，本书中所用图片很多是通过互联网找到的，在此谨向这些图片的作者或所有者表示感谢，对无法一一注明图片的来源表示歉意。

感谢浙江工商大学出版社鲍观明社长、郑建副总编辑和唐红编辑，他们为此书的出版做了很多工作，可以说，此书的出版是大家共同努力的成果。

感谢我多年的同事卢俊峰教授,他仔细审阅了全部书稿,提出了许多中肯的意见,并为本书做了润色。

最后,特别要感谢我的家人的全力支持,特别是我的妻子,没有她的鼓励和支持,就不会有这本书。

由于本书的内容涉及面较广,限于本人的能力,书中的疏漏或不足在所难免,真诚希望得到广大读者朋友的批评指正,并欢迎大家通过我的电子邮箱 jym_tjxy@126.com 与我联系。

金义明

2018 年 3 月于杭州

目 录

3　概率趣谈

4　数海钩沉

1

数学家的故事

数学之神——阿基米德

阿基米德(约前 287—前 212)可能是有史以来最伟大的数学家,被尊称为"数学之神"。美国的贝尔在《数学人物》上这样评价阿基米德:任何一张开列有史以来三个最伟大的数学家的名单之中,必定会包括阿基米德,而另外两个通常是牛顿和高斯。不过以他们的宏伟业绩和所处的时代背景来比较,或拿他们影响当代和后世的深邃久远来比较,还应首推阿基米德。除了伟大的牛顿和爱因斯坦外,再也没有一个人像他那样为人类的进步做出过这样大的贡献。即使牛顿和爱因斯坦也都曾从他身上汲取过智慧和灵感。他是"理论天才与实验天才合于一人的理想化身"。

阿基米德的生平并没有详细记载,但却有着许许多多神奇的故事。其中,阿基米德在洗澡时发现浮力原理的故事早已家喻户晓,下面给大家说说其他的故事。

2300 多年前,阿基米德出生在古希腊西西里岛东南端的叙拉古城。一方面,当时古希腊的辉煌文化已经逐渐衰退,经济、文化中心逐渐转移到埃及的亚历山大城;同时另一方面,意大利半岛上新兴的罗马共和国,正在不断地扩张势力;北非也有新的国家迦太基兴起。阿基米德就是生长在这种新旧势力交替的时代,而叙拉古城也成为许多势力的角斗场所。

　　阿基米德的父亲是天文学家和数学家,所以阿基米德从小受家庭影响,十分喜爱数学。大概在他9岁时,父亲送他到埃及的亚历山大城念书。亚历山大城是当时世界的知识、文化中心,学者云集,文学、数学、天文学、医学的研究都很发达,阿基米德在这里跟随许多著名的数学家学习,包括有名的几何学大师——欧几里得,这奠定了他日后从事科学研究的基础。

　　阿基米德创始了机械学,发现了杠杆、滑轮、螺杆等的工作规律,利用这些机械可以挪动重物,改变用力的方向,或者增加物体运动的速度。他在埃及期间发明了提水的螺杆。这是一根很长的木螺杆,装在一个圆筒里,把木螺杆底部放在水里,上部装在岸上,摇动木螺杆上的手柄,水就抽上来了。这种被称为"阿基米德螺杆"的提水工具,至今还在埃及用于灌溉、在荷兰用于沼泽地区排水。

　　确立了力学的杠杆定律之后 ,据说阿基米德曾发出豪言壮语:"给我一个支点,我就可以撬动整个地球!"

　　有一次国王遇到了一个棘手的问题:国王替埃及托勒密王造了一艘船,因为太大太重,船无法放进海里,国王就对阿基米德说:"你连地球都举得起来,把一艘船放进海里应该没问题吧?"于是阿基米德立刻巧妙地组合各种机械,造出一架机具,在一切准备妥当后,将牵引机具的绳子交给国王,国王轻轻一拉,大船果然移动下水,国王不得不为阿基米德的天才所折服。从这个历史记载的故事里我们可以清楚地知道,阿基米德极可能是当时全世界对于机械的原理与运用了解最透彻的人。

　　阿基米德还是一位伟大的爱国者。在他年老的时候,叙拉古城和罗马之间发生了战争。罗马军队的最高统帅马塞拉斯率领罗马军队包围了他所居住的城市,还占领了海港。阿基米德虽不赞成战争,但眼见国土危急,护国的责任感促使他奋起抗敌,于是他绞尽脑汁,夜以继日地发明御敌武器,来阻挡罗马军队的进攻。

他发明了巨大的起重机,把罗马的战舰高高地吊起,随后呼的一声将其摔下大海,船破人亡。后来罗马士兵都不敢靠近城墙,只要有一根绳子在上方出现,他们就会被吓跑,因为他们相信那个可怕的阿基米德一定在用一种什么新奇的怪物让他们一命呜呼。

他还曾利用抛物镜面的聚光作用,召集城中百姓手持镜子排成扇形,让镜子对准强烈的阳光,集中照射到敌舰的主帆上,千百面镜子的反光聚集在船帆的一点上,船帆燃烧起来,火势趁着风力,越烧越旺。罗马人找不到失火的原因,以为阿基米德又发明了新式武器,就慌慌张张地撤退了。

太阳的光和热使地球上的万物生长,太阳蕴藏着无穷无尽的能量。阿基米德是最早想到把太阳能聚集起来加以利用的人,许多科技史家通常都把阿基米德看成是人类利用太阳能的始祖。

他还利用杠杆原理制造了一种叫作石弩的抛石机,把大石块投向罗马军队的战舰,或者使用发射机把矛和石块射向罗马士兵,凡是靠近城墙的敌人,都难逃他的飞石或标枪。这些武器弄得罗马军队惊慌失措,人人害怕,连罗马的大将军都不得不承认:"这是一场罗马舰队与阿基米德一人的战争","阿基米德是神话中的百手巨人"。

作为数学家的阿基米德,比他在物理中做得更好。他在数学上有着极为光辉灿烂的成就。尽管阿基米德流传至今的著作总共只有十来部,但他对于推动数学的发展,起着决定性的作用。

阿基米德确定了抛物线弓形、螺线、圆形的面积以及椭球体、抛物面体等各种复杂几何体的表面积和体积的计算方法。在推演这些公式的过程中,他创立了"穷竭法",即今天所说的逐步近似求极限法,他被公认为是微积分计算的鼻祖。面对古希腊烦冗的数字表示方式,他首创了记大数法,突破了当时用希腊字母计数不能超过一万的局限,并解决了许多数学难题。

他已经能够把圆周率估算到一个非常好的精确值。他在著作《圆的度量》中,利用圆的外切与内接九十六边形,求得圆周率 π 为:$22/7 < π < 223/71$。这是数学史上最早的,明确指出误差限度的 π 值。他还证明了圆面积等于以圆周长为底、半径为高的正三角形的面积。

在《球与圆柱》中,他熟练地运用穷竭法证明了球的表面积等于球大圆面积的 4 倍;球的体积是一个圆锥体积的 4 倍,这个圆锥的底等于球的大圆,高等于球的半径。阿基米德还指出,如果等边圆柱中有一个内切球,则圆柱的全面积和它的体积,分别为球表面积和体积的三分之二。在这部著作中,他还提出了著名的"阿基米德公理"。

在《抛物线求积法》中,阿基米德研究了曲线图形求面积的问题,并用穷竭法建立了这样的结论:"任何由直线和直角圆锥体的截面所包围的弓形(即抛物线),其面积都是其同底同高的三角形面积的三分之四。"他还用力学权重方法再次验证这个结论,使数学与力学成功地结合起来。

《论螺线》是阿基米德对数学的出色贡献。他明确了螺线的定义,以及螺线面积的计算方法。在同一著作中,阿基米德还导出几何级数和算术级数求和的几何方法。阿基米德螺线在工程中的应用非常广泛,我们日常使用的蚊香就是盘成阿基米德螺线的形状。

阿基米德在天文学方面也有出色的成就。他认为地球是圆球状的,并围绕着太阳旋转,这一观点比哥白尼的"日心地动说"要早1800 年。

阿基米德有惊人的创造力。他不但能将高超的计算技巧和严格的论证融为一体，而且还善于将抽象的理论和工程技术的具体应用紧密地组合起来，是理论联系实际的典范。

　　这些成就让人惊奇的真正原因是，阿基米德使用的计算方法和 1800 多年后牛顿和莱布尼茨发明的微积分中的计算方法惊人地相似。他用不断地添加更细致多边形来接近图形，这样多边形的面积就会和想要计算的面积的差距越来越小。这样的方法，让人联想到现代的极限思想。阿基米德这样的数学智慧，领先了他所处时代将近 2000 年。

科学巨人——牛顿

艾萨克·牛顿(Isaac Newton,1643—1727)是历史上最伟大、最有影响的科学家,他与爱因斯坦、阿基米德并称为"科学界的三大伟人",他还被誉为"物理学之父",他是经典力学基础的三大运动定律的建立者。

然而,世界上有许多著名的科学家的家境是清贫的。他们在通往成功的道路上,都曾与困苦的境遇做过顽强的斗争。牛顿少年时代的境遇也是十分令人同情的。

1643 年,牛顿出生在英国一个普通农民的家里。他是个早产儿,出生时十分脆弱和瘦小,据说只有 3 磅(1 磅约等于 0.45 千克)重。在他出生之后的最初几个月里,医生不得不在他的脖子上装了一个支架来保护他,大家都担心他不能活下来。谁也没有料到这个看起来瘦弱的小东西会成为一位震古烁今的科学巨人,并且活到了 85 岁的高龄。

在牛顿出生前 3 个月,他的父亲就去世了。在他还不到 2 岁的时候,他的母亲改嫁给了当地的一位牧师,小牛顿只好寄宿在他年迈的外婆家中。

大约从 5 岁开始,牛顿被送到公立学校读书,12 岁时进入中学。大家一定以为牛顿小时候一定是个"神童""天才",有着非凡的智力。其实不然,牛顿童年时身体瘦弱,性格孤僻腼腆,资质平常,学习不用功,在班里的学习成绩属于次等。

牛顿虽然成绩不好,但他的兴趣却十分广泛,游戏的本领也比一般儿童高。他喜欢读书,喜欢看一些介绍各种简单机械模型制作方法的读物,并从中受到启发,自己动手制作些奇奇怪怪的小玩意,如风车、水车、日晷等等。看到有人在建造风车,小牛顿把风车的机械原理摸透后,自己也制造了一架小风车。推动他的风车转动的,不是风,而是动物。他把一只老鼠绑在一架有轮子的踏车上,然后在轮子的前面放上一粒玉米,那地方刚好是老鼠可望不可即的位置。老鼠想吃玉米,就不停地跑动,于是轮子不停地转动,并带动一个磨面粉的微型磨。他制造了一个用水推动的木钟,每天早晨,小水钟会自动滴水到他的脸上,催他起床。他还做过一盏灯笼挂在风筝尾巴上。当夜幕降临时,点燃的灯笼随着风筝升入空中,发光的灯笼在空中飘动,人们大惊,以为是出现了彗星。

尽管如此,因为他学习成绩不好,还是经常受到歧视。

当时,封建社会的英国等级制度很严重,中小学里学习成绩好的学生歧视学习成绩差的同学。有一次课间游戏,大家正玩得兴高采烈的时候,一个学习成绩好的学生借故踢了牛顿一脚,并骂他笨蛋。牛顿的心灵受到刺激,愤怒极了。他想,我俩都是学生,我为什么要受他的欺侮?我必须要超过他!从此,牛顿下定决心,发奋读书。他早起晚睡,抓紧分秒,勤学勤思。

经过刻苦钻研,牛顿的学习成绩不断提高,不久就超过了曾欺侮过他的那个同学,名列班级前茅。

在他14岁的时候,继父不幸故去,母亲回到家乡,牛顿被迫休学回家,帮忙母亲种田过日子。母亲想培养他独立谋生,要他经营农产品的买卖。

一个勤奋好学的孩子多么不愿意离开心爱的学校啊!他悲哀

地哭闹了几次,母亲始终没有回心转意,最后只得违心地按母亲的意愿去学习经商。每天一早,他跟一个老仆人到十几里(1 里等于500 米)外的大镇子去做买卖。牛顿十分不喜欢经商,把一切事务都交托老仆人经办,自己却偷偷跑到一个地方去读书。

有一次,牛顿的舅舅起了疑心,就跟踪牛顿上市镇去,他发现他的外甥躺在草地上,正在聚精会神地钻研一个数学问题。牛顿的好学精神感动了舅舅,舅舅一把抱住牛顿,激动地说:"孩子,就按你的志向发展吧,你的正道就应该是读书。"

于是舅舅竭力劝服了牛顿的母亲让牛顿复学。在舅舅的帮忙下,牛顿如愿以偿地复学了,他如饥似渴地汲取着书本上的营养。

1661 年 6 月,18 岁的牛顿考入了著名的剑桥大学,成为三一学院的减费生,靠为学院做杂务的收入支付学费。在最初的一段时间里,他的成绩并不突出。但在导师巴罗的影响下,他的学业开始突飞猛进。巴罗这位优秀的数学家、古典学者、天文学家和光学研究领域里的权威,是第一个发现牛顿天才的人。这位学者独具慧眼,看出了牛顿具有深邃的观察力、敏锐的理解力。于是他将自己的数学知识,包括计算曲线图形面积的方法,全部传授给牛顿,并把牛顿引向了近代自然科学的研究领域。

1664 年,经考试牛顿被选为巴罗的助手。1665 年,牛顿大学毕业,获得学士学位。在牛顿正准备留校继续深造的时候,严重的鼠疫席卷英国,剑桥大学被迫关闭了。牛顿回到故乡避灾,而这恰恰是牛顿一生中最重要的转折点。

牛顿在家乡安静的环境里,专心致志地思考数学、物理学和天文学问题,思想火山积聚多年的活力,终于爆发了,智慧的洪流,滚滚奔腾。短短的 18 个月,他就孕育成形了流数术(微积分)、万有引力定律和光学分析的基本思想。

牛顿的研究领域十分广泛,他在几乎每个他所涉足的科学领域都做出了重要的贡献。

牛顿是经典力学理论的开创者。他系统地总结了伽利略、开普勒和惠更斯等人的工作,得到了著名的万有引力定律和牛顿运动三定律。他发现的运动三定律和万有引力定律,为近代物理学和力学奠定了基础,也奠定了现代天文学的理论基础。直到今天,人造地球卫星、火箭、宇宙飞船的发射升空和运行轨道的计算,都仍以这作为理论根据。

牛顿发现万有引力定律是他在自然科学中最辉煌的成就。有一年在假期里,牛顿常常来到母亲的家中,在花园里小坐片刻。有一次,像以往屡次发生的那样,一个苹果从树上掉了下来。一个苹果的偶然落地,却是人类思想史的一个转折点,它使那个坐在树下的牛顿头脑开了窍,引起他的沉思:究竟是什么原因使一切物体都受到差不多总是朝向地心的吸引呢?牛顿思索着。最后,他发现了对人类具有划时代意义的"万有引力"。

被称为"笔尖下发现的行星"的海王星,就是天文学家勒威耶根据牛顿的万有引力定律计算发现的(见第一册第五章)。

1687年,牛顿出版了代表作《自然哲学的数学原理》,这是一部近代科学奠基性巨著。牛顿在这部著作中,从力学的基本概念(质量、动量、惯性、力)和基本定律(运动三定律)出发,运用他所发明的微积分这一锐利的数学工具,建立了经典力学完整而严密的体系,把天体力学和地面上的物体力学统一起来,实现了物理学史上第一次大的综合。

牛顿还在光学上取得了很大的成就,他是描述现代色彩理论的第一人。通过光的色散实验,他驳斥了纯白色光不含颜色的观点。牛顿发现,太阳光是由7种颜色的光混合而成:红、橙、黄、绿、蓝、靛、紫。牛顿的这项发现揭示了物质的颜色之谜。

牛顿创立了热力学的第一个定律,即牛顿冷却定律。该定律表明,物体的冷却速度(在一定范围内)与它和周围环境的温差成正比。物体的温度越低,它的冷却速度就越慢。

牛顿还有一项成就可能很多人不知道:他发明了现代天文学中无处不在的望远镜——牛顿式反射望远镜。这种望远镜避免了此前望远镜的局限性,使望远镜不再依靠巨大的透镜来收集和聚焦光线。现代大型天文望远镜都是采用牛顿式结构,包括著名的哈勃太空望远镜。

大家知道,物理学的研究处处离不开数学。牛顿也同样。他的伟大之处在于,当他需要的数学方法不存在时,他就去发明它。在牛顿的全部科学贡献中,数学成就占有突出的地位,甚至可以说是第一位的。

微积分的创立是牛顿最卓越的数学成就。牛顿为解决运动问题,才创立了这种和物理概念直接联系的数学理论,牛顿称之为"流数术"。它所处理的一些具体问题,如切线问题、求积问题、瞬时速度问题以及函数的极大值和极小值问题等,在牛顿前已经有一定的研究成果了。但牛顿超越了前人,他站在了更高的角度,对以往分散的努力加以综合,将自古希腊以来求解无限小问题的各种技巧统一为两类普通的算法——微分和积分,并确立了这两类运算的互逆关系,从而完成了微积分发明中最关键的一步,为近代科学发展带来了最有效的工具,开辟了数学史上的一个新纪元。伟大导师恩格斯曾把微积分的发明誉为"人类有史以来的最高精神胜利"。

莱布尼茨曾说:"在从世界开始到牛顿生活的年代的全部数学中,牛顿的工作超过一半!"

牛顿的功绩还在于把数学导入其他类别的科学中,使得数学成为描述宇宙运动的最基本语言,这种观点也使许多科学家取得了极有价值的科学成果。他认为:自然界是按数学原理设计的,自然界的真正定律是数学。

牛顿的光辉业绩耀眼夺目,但他没有居功自傲,而是一个十分谦虚的人,从不自高自大。有人问牛顿:"你获得成功的秘诀是什么?"牛顿回答说:"假如我有一点微小成就的话,没有其他秘诀,唯有勤奋而已。"他又说:"假如我看得远些,那是因为我站在巨人们的肩上。"这些话多么意味深长啊!

牛顿临终前,面对羡慕他智慧和称颂他伟大科学成就的人,却谦卑地说:"我不过就像是一个在海滨玩耍的小孩,为不时发现比寻常更为光滑的一块卵石或比寻常更为美丽的一片贝壳而沾沾自喜,而对于展现在我面前的浩瀚的真理的海洋,却远远不能说已经看透。"从这里可以看出一代伟人的谦虚美德。这些美德和他的成就,都值得我们去继承、去学习。

数学王子——高斯

在人类历史上,间或出现天才,他们就像天空中一颗颗明亮的恒星一样,照耀和引导着人类的理性之路。在这万千群星中,最亮的一颗,无疑是伟大的德国数学家——高斯。

约翰·卡尔·弗里德里希·高斯(C. F. Gauss,1777—1855),生于布伦瑞克,卒于哥廷根,德国数学家、物理学家、天文学家和大地测量学家,近代数学奠基者之一,在历史上影响之大,被认为是人类有史以来"最伟大的三位(或四位)数学家之一"(阿基米德、牛顿、高斯或加上欧拉),有"数学王子"的美称。

现在阿基米德和牛顿的名字早已进入了中学的教科书,他们的工作或多或少成为大众的常识,而高斯和他的数学仍高深莫测,甚至于在大学的基础课程中也很少出现。但高斯的肖像画却赫然印在 10 马克——流通最广的德国纸币上。人们称赞高斯是"人类的骄傲"。天才、早熟、高产、创造力不衰……人类智力领域的几乎所有褒奖之词,用以形容高斯都不过分。

神奇的数学

　　和牛顿一样，高斯出身贫寒，1777 年出生在德国乡下的一个贫穷家庭中，祖父是个没有土地的穷苦农民，父亲当过园丁，也做过砌砖工等各种杂工。母亲是一个穷石匠的女儿，没有受过教育，做过女佣人。如果没有特别的故事，高斯很有可能成为一个普通的园丁或砌砖工，一辈子和果树、水沟打交道。

　　高斯的传奇始于 3 岁。有一天他观看父亲在计算受他管辖的工人们的工资。父亲在喃喃地计数，最后长叹一声念出钱数，正准备写下时，身边传来微小的声音："爸爸！算错了，钱应该是这样……"

　　父亲惊异地看了他一眼，再算一次，果然小高斯说的数是正确的。让人惊奇的不是高斯比他爹算得准，而是从没有人告诉过他任何和加减法有关的事情！高斯晚年时喜欢对自己的小孙儿讲述自己小时候的故事，他说他在还不会讲话的时候，就已经学会计算了。

　　另外一个故事则在全世界广为流传。有一天，算术老师要求全班同学算出以下的算式：将 1 到 100 的所有整数加起来，老师刚叙述完题目，高斯就给出了正确答案。不过，这很可能是一个不真实的传说。据数学史家考证，老师当时给孩子们出的是一道更难的加法题：$81297+81495+81693+\cdots+100899$。

　　当然，这也是一个等差数列的求和问题（公差为 198，项数为 100）。当老师刚一写完时，高斯也已算完，并把写有答案的小石板交了上去。高斯晚年经常喜欢向人们谈论这件事，说当时只有他写的答案是正确的，而其他的孩子们都错了。高斯没有明确地讲过，他是用什么方法那么快就解决了这个问题。数学史家们倾向于认为，高斯当时已掌握了等差数列求和的方法。一位年仅 10 岁的孩子，能独立发现这一数学方法实在很不平常。

高斯的算术老师本来对学生态度不好，他常认为自己在穷乡僻壤教书是怀才不遇，现在发现了"神童"，他很高兴。但他又感到很惭愧，觉得自己懂的数学不多，不能对高斯有什么帮助，于是他买来了当时最好的数学书送给高斯。当高斯在很短的时间里读完了那些书后，他的数学能力已经超出他的老师很多了。

虽然高斯很喜欢看书，但由于家里穷，在冬天晚上吃完饭后，父亲就要高斯上床睡觉，这样可以节省燃料和灯油。高斯想了一个办法，带一捆芜菁上他的顶楼去，他把芜菁当中挖空，塞进用粗棉卷成的灯芯，用一些油脂当烛油，就在这发出微弱光亮的灯下，专心地看书。等到疲劳和寒冷压倒他时，他才钻进被窝睡觉。

高斯有一个很聪明的舅舅，手巧心灵，是当地出名的织绸能手。舅舅对小高斯很照顾，一有机会就教育他，把他所知道的一些知识传授给他。但父亲可以说是一名"大老粗"，不想让他再继续读书，认为只有力气能挣钱，学问对穷人是没有用的。

有一天高斯在走回家时，一边走一边全神贯注地看书，不知不觉走进了公爵家的庭院，这时公爵夫人看到这个小孩那么喜欢读书，于是就和他交谈，她发现他完全明白所读的书的深奥内容。

公爵听说在他所管辖的领地有一个这么聪明的小孩，很赏识他的才能，于是决定给他经济援助，并说服了高斯的父亲，让他继续读书。正是由于公爵的慷慨相助，避免了高斯因为无力支付学费而只得辍学搬砖的悲剧命运。高斯踏上了离家求学之路。那年，高斯 14 岁。

在公爵的帮助下，15 岁的高斯进入一间著名的学院（程度相当于大学预科班）。在那里他学习了古代和现代语言，同时也开始对高等数学做研究。他专心阅读牛顿、欧拉、拉格朗日这些欧洲著名数学家的著作。他对牛顿的工作特别钦佩，并很快地掌握了牛顿的微积分理论。同时,他的语言天赋也极其出色,高斯这时候不知道要读什么系,语言系呢还是数学系?当时学数学毕业以后找工作是不大容易的。这时发生了一件有趣的事情。

1796年的一天,20岁的高斯吃完晚饭,开始做老师布置给他的每天例行的3道数学题。

前两道题在2个小时内就顺利完成了。第三道题写在另一张小纸条上:要求只用圆规和一把没有刻度的直尺,画出一个正十七边形。他感到非常吃力。时间一分一秒地过去了,第三道题竟毫无进展。高斯绞尽脑汁,但他发现,自己学过的所有数学知识似乎对解开这道题都没有任何帮助。困难反而激起了他的斗志:我一定要把它做出来!他拿起圆规和直尺,他一边思索一边在纸上画着,尝试着用一些超常规的思路去寻求答案。当窗口露出曙光时,高斯长舒了一口气,他终于完成了这道难题。

见到老师时,高斯有些内疚和自责,他说:"您给我布置的第三道题,我竟然做了整整一个通宵,我辜负了您对我的栽培……"老师接过学生的作业一看,当即惊呆了。他用颤抖的声音对高斯说:"这是你自己做出来的吗?"高斯有些疑惑地看着老师,回答道:"是我做的。但是,我花了整整一个通宵。"

老师请他坐下,取出圆规和直尺,在书桌上铺开纸,让他当着自己的面再画一个正十七边形。高斯很快完成了。老师激动得有点语无伦次了:"你知不知道?你解开了一桩有2000多年历史的数学悬案!阿基米德没有解决,牛顿也没有解决,你竟然一个晚上就解出来了。你是一个真正的天才!"原来,老师也一直想解开这道难题。那天,他是因为失误,把写有这道题的草稿纸交给了高斯。每当高斯回忆起这一幕时,总是说:"如果有人告诉我,这是一道有2000多年历史的数学难题,我可能永远也没有信心将它解出来。"

高斯用代数的方法解决了 2000 多年来的几何难题,他也视此为生平得意之作,还交代要把正十七边形刻在他的墓碑上,但后来他的墓碑上并没有刻上正十七边形,而是十七角星,因为负责刻碑的雕刻家认为,正十七边形和圆太像了,大家一定分辨不出来。

正是这个成就,终于让高斯决定放弃语言学,决定终身研究数学。这一决定深刻影响了人类数学史乃至科学史的整个进程。

关于高斯天才的例子还有太多,比如说:他 11 岁就发现了二项式定理;16 岁时预测在欧氏几何之外必然会产生一门完全不同的几何学,即非欧几何;18 岁时发明了至今仍应用十分广泛的最小二乘法;19 岁时证明了让欧拉都感到困惑的二次互反律……

对于高斯接二连三的成功,有几个同学很不服气,决心要为难他一下。

他们聚到一起冥思苦想,终于想出了一道难题。他们用一根细棉线系上一块银币,然后再找来一个非常薄的玻璃瓶,把银币悬空垂放在瓶中,瓶口用瓶塞塞住,棉线的另一头也系在瓶塞上。准备好以后,他们小心翼翼地捧着瓶子,在大街上拦住高斯,用挑衅的口吻说道,"你一天到晚捧着书本,拿着放大镜东游西逛,一副蛮有学问的样子,你那么有本事,能不碰破瓶子,不去掉瓶塞,把瓶中的棉线弄断吗?"

高斯对他们这种无聊的挑衅很生气,本不想理他们,可当他看了瓶子后,又觉得这道难题还的确有些意思,于是认真想着解题的办法。校园里围观的人越来越多,高斯呢,眉头紧皱,一声不吭。同学以为难倒了高斯,得意地说道:"怎么样,你智力有限吧,实在解不出,就把你得到的那么多荣誉证书拿到大街上当众烧掉,以后别再逞能了。"

高斯并不气恼，冷静思考后，看了看明媚的阳光，又望了望那个瓶子，说道："我有办法了。"说着从口袋里拿出一面放大镜，对着瓶子里的棉线照着，一分钟，两分钟……人们好奇地睁大了眼，随着钱币铛的一声掉落瓶底，大家发现棉线被烧断了。

人们不由发出一阵欢呼声，那几个同学也佩服得连连赞叹。

等到高斯18岁正式读完预科班进入名牌大学哥廷根大学时，他已经做出了二次互反律、最小二乘法等一系列不朽的成果，并开始着手写他的第一部伟大著作《算术研究》。到了他20岁的时候，这本书已经完成了，但在高斯的不断精益求精和出版商的延误下，这部数学史上的里程碑著作在他24岁那年才得以出版。

正当高斯雄心勃勃，准备投入《算术研究》第二卷的编写中时，另一件事情却吸引了他的兴趣。自从100年前牛顿将宇宙纳入自己的掌控之后，就有无数的天文学家们孜孜不倦地观测着星空，希望能获得第一个发现新星的殊荣。这时候，恰好有几位天文学家，观测到了一颗疑似行星从天文望远镜中一闪而过，随即隐没在无尽的群星之中。仅靠这惊鸿一瞥，怎么才能抓住这颗神秘的行星呢？

高斯关注了这件事，他用他发明的最小二乘法轻松地推导出了只靠3次观测就可以计算出行星轨道的方法，果不其然，这颗行星在高斯预言的位置上准确出现了，这颗行星随即成为人类所发现的第一颗小行星：谷神星。年轻的高斯，没有因为他的伟大数学著作被世人铭记，反而因为这颗小行星的发现而一下被誉为当代最伟大的数学家，年轻的数学天才。高斯在随后的20年间将精力都投入在对天文学的研究上，并且出版了另一部伟大的著作《天体绕日运动理论》，将行星、彗星等全部纳入到他的公式支配下。对天文学而言，这确实是一部伟大的成就，是未来很多年人们探索研究太阳系的最高杰作。不过对数学界而言,这部著作更多的只是应用数学而已,没有为数学的殿堂带来新的东西,这不能不说是数学史上一个巨大的损失。

但对高斯个人而言,这些成果确实让他功成名就,让他名满天下,能得到更多人的尊重,享受到更好的生活条件。数学家也是人,也需要解决温饱问题,过上体面的生活。在高斯的资助人公爵去世,高斯失去经济来源的时候,正是这些名誉让他和家庭不至于像山中隐士般忍饥挨饿,而是让他得到了天文台台长的职务,可以养活自己的妻子和孩子们。从这一点看,高斯的选择是无可非议的。

高斯此后的精力,一直都在兼顾着纯数学理论的研究和应用数学的研究。在涉足了天文学很长时间之后,他还参与了大地测量学、电磁学等方面的研究。他不仅有着无与伦比的数学天赋,同时还具有当世第一流的实验才能,这一点只有牛顿可以和他相比。在这些数学的应用研究中,他发明了大地测量所必需的回光仪、磁场测量器、电报机等一系列仪器。他在天文学、大地测量学、电磁学方面做出的贡献,也超出了这些领域的绝大部分科学家。为了纪念他的贡献,高斯也被作为磁场的计量单位,高斯步枪更是作为科学幻想作品中未来的主力枪械,出现在辐射、星际争霸等游戏大作中。

当然,以他的名字命名的并不是只有一个电磁学单位。他的名字出现在一百多个数学成果和公式上,是所有数学家中最多的。从数论到数学分析,从复数平面到微分几何,他几乎是靠着一己之力,开创了现代数学的几乎全部领域。

有一个比喻说得好:如果把 18 世纪的数学家想象为一系列的高山峻岭,那么最后一个令人肃然起敬的巅峰就是高斯;如果把

19世纪的数学家想象为一条条江河，那么其源头就是高斯。

数学是一门极严谨的学科，研究者应该有缜密的逻辑思维和严谨的科学态度。高斯做到了这一点，他的座右铭是"少些，但要成熟些"；他有一句格言是"不留下进一步要做的事"。高斯在科学研究过程中会对某一个定理多次给予不同的证明，以求最简、严谨。他说："绝不能以为获得一个证明以后，研究便告结束，或把寻找另外的证明当作多余的奢侈品。有时候你一开始没有得到最简单和最完善的证明，但就是这样的证明才能深入到高级算术的真理的奇妙联系中去，这正是吸引我们去继续研究的主动力，并且最能使我们有所发现。"学习数学就要像高斯那样不马虎，力求完美。

高斯虽然有着与生俱来的数学天分，但他的成就离不开他勤奋、严谨、虚心钻研的人生态度。我们每个人的天分是不可改变的，但是怀揣着一颗对数学无比热爱的心，能帮助我们在追求更高境界数学的道路上走得更远。

数学英雄——欧拉

如果说 17 世纪由于创立了 2000 多年来梦寐以求的微积分而被誉为天才的世纪，那么 18 世纪由于数学家们把微积分大大向前推进，并且在各个科学技术领域取得辉煌胜利，而成为英雄的世纪。英雄世纪的数学英雄的最高代表就是列昂纳德·欧拉。如果说牛顿、莱布尼茨等天

才设计师奠定了微积分的基础，那么欧拉就是一个卓越的建筑师，把微积分建成了一座宏伟的大厦；如果说 18 世纪的数学家吹响了数学向物理、天文和各个科学技术领域全面进军的号角，那么这场浩浩荡荡数学征战的旗手就是欧拉。他以非凡的聪明才智、勤奋钻研和惊人毅力，把微积分发展为拥有众多分支的分析数学，诞生了一些全新的数学分支。欧拉为促进数学空前蓬勃的发展，耗尽了毕生精力，为人类文明建立了不朽的功勋。

列昂纳德·欧拉（Leonhard Euler），瑞士数学家。1707 年 4 月 15 日出生于瑞士的巴塞尔，1783 年 9 月 18 日在俄国圣彼得堡去世。

有的历史学家把欧拉和阿基米德、牛顿、高斯列为有史以来贡献最大的 4 位数学家，欧拉被认为是 18 世纪最伟大的数学家。如果把数学的历史比作一条连绵不绝的山脉，那么欧拉，绝对是一座可以让我们仰视的山峰，如果把数学的历史比作浩瀚苍穹，那么欧

拉，绝对是一颗发出耀眼光辉，让我们不得不仰望的明星。

欧拉出生于一个牧师家庭，父亲保罗·欧拉是位牧师，喜欢数学，但希望欧拉长大以后和自己一样，在乡村教堂里当牧师。做父亲的只指望儿子继承自己的事业，不想把孩子培养成为科学家，这类事例在科学史上屡见不鲜。牛顿的母亲要儿子当农民，高斯的父亲要儿子当花匠。保罗这样打算倒也情有可原，因为当牧师毕竟比当数学家容易，何况它的收入要优厚得多呢！因此，保罗对儿子从小就灌输极严格的宗教教育。什么早祷告，晚祷告，每天必做，甚至在每餐饭以前，还要讲一通主耶稣的道理。幸好他有个"毛病"，逢到高兴的时候，他会抛开天国和上帝，眉飞色舞地讲起人世间迷人的自然数和三角形来。凭着他向善男信女布道时练就的好口才，保罗把数学讲得绘声绘色，妙趣横生，完全迷住了小欧拉。热爱数学的种子就这样默默地埋在孩子的心田。欧拉小时候特喜欢数学，不满10岁就开始自学《代数学》。这本书连他的几位老师都没读过。可小欧拉却读得津津有味，遇到不懂的地方，就用笔做个记号，事后再向别人请教。

但欧拉在孩提时代并不受老师待见，他是一个被学校开除了的小学生。

小欧拉在一个教会学校里读书。有一次，他向老师提问，天上有多少颗星星。这个老师不懂装懂，回答欧拉说："天上有多少颗星星，这无关紧要，只要知道天上的星星是上帝镶嵌上去的就够了。"欧拉感到很奇怪："天那么大，那么高，地上没有扶梯，上帝是怎么把星星一颗一颗镶嵌到天幕上的呢？上帝亲自把它们一颗一颗地放在天幕，他为什么会忘记星星的数目呢？上帝会不会太粗心了呢？"老师又一次被问住了，涨红了脸，不知如何回答才好。

在欧拉的年代，对上帝是绝对不能怀疑的，人们只能做思想的奴隶,小欧拉没有与教会和上帝"保持一致",学校便开除了他。

欧拉回家后无事可做,他就帮助爸爸放羊,成了一个牧童。他一面放羊,一面读书。他读的书中,有不少数学书。

爸爸的羊群渐渐增多了,达到了 100 只。原来的羊圈有点小了,爸爸决定建造一个新的羊圈。每只羊需要 $6m^2$ 左右的空间,他量出了一块长方形的土地,长 40m,宽 15m,一算面积,正好是 $600m^2$。正打算动工的时候,他发现只有 100m 的篱笆,还少 10m。父亲感到很为难,要是缩小面积,每头羊的面积就会小于 $6m^2$。

小欧拉却向父亲说,不用缩小羊圈,他有办法。父亲不相信小欧拉会有办法,小欧拉急了,大声说,只要稍稍移动一下羊圈的桩子就行了。

父亲听了直摇头,心想:"世界上哪有这样便宜的事情?"但是,小欧拉却坚持说,他一定能两全其美。小欧拉仰头想了一会,又在地上用树枝画了一些什么,然后对父亲说:"爸爸,您可以把长宽都定为 25m,那羊圈面积成了 $625m^2$,比您设计的还大了 $25m^2$,但篱笆却只要 100m,您就不用愁了!"

父亲照着小欧拉设计的羊圈扎上了篱笆,100m 长的篱笆真的够了,不多不少,全部用光。面积也足够了,而且还稍稍大了一些。父亲心里感到非常高兴。孩子比自己聪明,真会动脑筋,将来一定大有出息。

父亲感到,让这么聪明的孩子放羊实在是太可惜了。于是欧拉搬回巴塞尔和他的外祖母住在一起,并在那里开始了他的正式学业,在中学时期,由于欧拉所在的学校并不教授数学,他便私下里从一位大学生那里学习。

大名鼎鼎的约翰·伯努利(Johann Bernoulli,1667—1748)是欧拉父亲的朋友,第一次见到欧拉时,欧拉才 6 岁,一见面就被小欧拉问住了:"我知道有一个数 6,它有真因数 1,2,3,加起来是 6;还有一个数 28,有真因数 1,2,4,7,14,加起来也刚好是 28,还有多少这样的数?"这类数叫作完全数(见第四章)。还是欧拉,最终给出了偶数完全数的表达式,那是后来的事情了。对于奇数的情形,谁要是能正确证明有或者没有,现在肯定能拿到数学最高奖。

1720 年,13 岁的欧拉靠自己的努力考入了瑞士非常好的大学之一——巴塞尔大学。这在当时是个奇迹,他成为整个瑞士大学校园里年龄最小的学生,曾轰动了整个数学界。

当时约翰是学校的数学讲座教授,他虽然年过半百,但是精神矍铄,讲起课来旁征博引,生动而富有感情。每逢他上课,教室里总是济济一堂,座无虚席。欧拉也去听约翰的课。坐在教室最前排的欧拉特别惹人注目。在他高高的额头下闪烁着一对天真无邪的大眼睛。不过说他是个孩子可能更确切,因为他的年纪最多不过十二三岁,个子比一般学生足足矮个一头。大学生们都当他是小弟弟,没有人把他放在眼里。可是,人不可以貌相。有一次,约翰在讲课的时候无意中提到当时数学家们还没有解决的一个大难题。谁知下课铃声一响,欧拉不声不响交给他一份答案。约翰看着看着,几乎不敢相信自己的眼睛。欧拉的解答虽然还称不上完美,但是它构思的精巧和大胆使约翰清楚地意识到,站在自己面前的这个瘦小的孩子,将会是未来的数学巨人。这个意外的发现使约翰大为兴奋。他当即决定每星期在家单独为欧拉授课一次。有这样的好机会,欧拉连做梦也没有想到,心里真有说不出的高兴。果然,在名师的精心指导下,欧拉的数学突飞猛进。

欧拉 15 岁在巴塞尔大学获学士学位,翌年获得硕士学位。

欧拉的一生,是为数学发展而奋斗的一生,他那杰出的智慧,顽强的毅力,孜孜不倦的治学精神和高尚的科学道德,是永远值得我们学习的。

　　欧拉是科学史上最多产的一位杰出的数学家。他从 19 岁开始发表论文,直到 76 岁,半个多世纪写下了浩如烟海的图书和论文,内容涵盖多个学术范畴。据统计,欧拉一生写下 886 种图书和论文,平均每年写出 800 多页。彼得堡科学院为了整理他的著作,足足忙碌了 47 年。

　　几乎每个数学领域都可以看到欧拉的名字,从初等几何的欧拉线,多面体的欧拉定理,立体解析几何的欧拉变换公式,四次方程的欧拉解法到数论中的欧拉函数,微分方程的欧拉方程,级数论的欧拉常数,变分学的欧拉方程,复杂方程的欧拉公式等,数也数不清。

　　欧拉对著名的哥尼斯堡七桥问题的解答开创了图论的研究(见第一册第四章),由此被公认为"图论之父"。

　　欧拉发现,不论什么形状的凸多面体,其顶点数 v、棱数 e、面数 f 之间总有 $v-e+f=2$ 这个关系。$v-e+f$ 被称为欧拉示性数,成为拓扑学的基础概念。

　　不仅如此,在数学以外的许多学科还有一大串以他的名字命名的专门术语来纪念他的卓越贡献:欧拉运动学方程,欧拉流体动力学方程,欧拉力,欧拉角,欧拉坐标,欧拉相关,等等。他使纯数学和应用数学的每一个领域都得到了充实,还把数学用到了几乎整个物理领域。他的全部创造在整个物理学和许多工程领域里都有着广泛的应用。

　　欧拉创立了许多新的符号。如用 sin、cos、tg 等表示三角函数,用 e 表示自然对数的底,用 $f(x)$ 表示函数,用 $\sum$ 表示求和,用 i 表示虚数,用 $\triangle x$ 表示增量,等等。圆周率 π 虽然不是欧拉首创,但却是经过欧拉的倡导才得以广泛流行。

有人说,欧拉计算起来毫不费力,就像人在呼吸,鹰在翱翔;也有人说,欧拉写他的高超论文,恰如文笔流畅的作家给他的至亲好友写信那样轻松自如;甚至有人说,欧拉能够在妻子第一次和第二次催他吃午饭的不到半小时的间隙里完成一篇论文。且不论这些说法是否言过其实,从这里我们多少可以看出他那无与伦比的数学才华。

欧拉的著作与其他数学家如高斯、牛顿等都不同,他们所写的书一是数量少,二是艰涩难明,别人很难读懂。而欧拉的文字轻松易懂,堪称这方面的典范。他从来不压缩字句,总是津津有味地把他那丰富的思想和广泛的兴趣写得有声有色。他用德、俄、英文发表过大量的通俗文章,还编写过大量中小学教科书。他编写的初等代数和算术的教科书考虑细致,叙述有条有理。他用许多新的思想的叙述方法,使得这些书既严密又易于理解。

欧拉著作的惊人多产并不是偶然,他可以在任何不良的环境中工作,他常常抱着孩子在膝上完成论文,也不顾孩子在旁边喧哗。

欧拉具有异常顽强的毅力。1735 年,28 岁的欧拉发现了新的行星轨道计算方法,用了 3 天时间计算一颗彗星的轨道,结果导致了右眼失明。高斯对此事的评价是"如果我用那个方法计算 3 天,我的两只眼睛都会瞎掉!"

由于不知疲倦地工作,他 59 岁以后双眼几乎完全失明,1771年他所在的圣彼得堡发生大火,火灾殃及欧拉住宅,带病且失明的64 岁的欧拉被围困在大火中,虽然他被家里的保姆从火海中救了出来,但他的书房和大量研究成果全部化为灰烬。其后两年不到,陪伴欧拉几十年的妻子柯黛琳娜去世。沉重的打击,没有使这位巨匠悲观,相反,他在失明的 17 年里,凭心算、口授、学生抄录的方式发表了论文 400 多篇,论著多部,占了他生平著作的大半。

欧拉具有惊人的记忆力!他能背诵前一百个质数的前十次幂,能背诵罗马诗人维吉尔的长篇史诗 *Aeneid*,能背诵全部的数学公式。直至晚年,他还能复述年轻时的笔记的全部内容。

欧拉心算能力极强,可以通过口述让别人记录。有一次欧拉的两个学生算无穷级数求和,算到第 17 项时,两人在小数点后第 50 位数字上发生争执,欧拉这时进行心算,迅速指出了他们的错误,给出了正确答案。

19 世纪伟大的数学家高斯(Gauss,1777—1855)曾说:"研究欧拉的著作永远是了解数学的最好方法。"

数学家拉普拉斯告诫我们:"读读欧拉,他是我们大家的老师"。没有人不承认,他就是我们"大家的老师",他是数学全才的第一个,也许是最伟大的一个。

他不仅有让人难以企及的智慧,让人惊叹的渊博知识,不被困难所吓倒的恒心、毅力,他更是一位风格高尚的大师。与青年数学家拉格朗日的交往和对他的提携就是一个经典范例。

1783 年 9 月 18 日,在不久前才刚计算完气球上升定律的欧拉,在兴奋中突然停止了呼吸,享年 76 岁。

欧拉生活、工作过的 3 个国家——瑞士、俄国、德国,都把欧拉作为自己的数学家,为有他而感到骄傲。欧拉的一生,是为数学发展而奋斗的一生,他那杰出的智慧,顽强的毅力,孜孜不倦的奋斗精神和高尚的科学道德,永远值得我们学习。

瑞士教育与研究国务秘书 Charles Kleiber 曾表示:"没有欧拉的众多科学发现,今天的我们将过着完全不一样的生活。"

数学,是好玩的,更是美的。从对称到非对称,从烦琐到简单,从特殊到一般,对于不同的人,数学总有其美的含义。而对于欧拉,数学无法阻挡的魅力吸引他奋斗了一生,同时,欧拉的贡献则更加闪耀了数学的美。从以下 3 个欧拉公式中,我们可以欣赏到数学之美。

(1)分式:

$$\frac{a^r}{(a-b)(a-c)}+\frac{b^r}{(b-c)(b-a)}+\frac{c^r}{(c-a)(c-b)}$$

当 $r=0,1$ 时,式子的值为 0;

当 $r=2$ 时,式子的值为 1;

当 $r=3$ 时,式子的值为 $a+b+c$。

很简单的结构,却有优美的对称。整整齐齐的分式,似乎暗含着某种人生哲学:人生,一定会是公平的,上帝不会眷顾任何人。

(2)在任一凸多面体中,顶点数-棱边数+面数=2。

谁能想到,一个多面体的顶点数、棱数和面数之间竟存在如此简洁的公式,看似简单,作用巨大,足有四两拨千斤之感。

(3)复数: $e^{ix}=\cos x+i\sin x$

这是人们公认的优美公式,原因是指数函数和三角函数在实数域中几乎没有什么联系,而在复数域中却发现了它们可以相互转化,并被一个非常简单的关系式联系在一起。

当 $x=\pi$ 时,得到 $e^{i\pi}+1=0$,它被公认为是整个数学中最卓越的公式之一。它漂亮简洁地把数学中 5 个最重要的常数 $1,0,\pi,e$ 以及 i 联系在一起。有人称这 5 个数为"五朵金花",欧拉竟然能将这 5 个最常用、最基本、最重要的量聚集在一个简约的式子中,真的不简单。

简约的欧拉公式,是数学这个大花园里的一朵奇葩,它散发着奇异的芳香,展示着无处不在的数学之美,吸引着无数的数学爱好者为美折服,为数学奉献。

　　的确,被誉为"数学英雄"的列昂纳德·欧拉不愧为瑞士奉献给世界的最伟大科学家。

拓展思维:

　　1.用能围 100m 的篱笆建一个正方形养鸡场,使所围面积尽量大,应如何围? 若养鸡场一边靠着一道长度足够长的墙,又该怎样围?

　　2.证明:非等边三角形的外心、重心、垂心,依次位于同一直线上,这条直线称为三角形的欧拉线。其中,重心到外心的距离是重心到垂心距离的一半。

华罗庚的故事

"数学，如音乐一样，以奇才辈出而著称，这些人即便没有受过正规的教育也才华横溢。虽然华罗庚谦虚地避免使用奇才这个词，但它却恰当地描述了这位杰出的中国数学家。"——G·B·Kolata

20世纪70年代初，美国的一位数学评论家，写了一篇长长的文章，介绍华罗庚的事迹，登在一家很有影响的数学刊物上。文章称赞华罗庚是"世界上名列前茅的数学家之一。"这样的称赞并不过分，文章中列举了华罗庚的大量学术研究成就也是事实。可是，那位评论家有一点却搞错了，他称华罗庚为数学"博士"。其实，华罗庚从来没得过什么学位。不是"博士""硕士"，甚至连"学士"也不是。他曾任中国科学院副院长，中国数学学会理事长等职，对国内外的数学研究做出了巨大的贡献。而这位凛然登上科学高峰的人，一生只有一张初中毕业文凭！

亲爱的小朋友，你们听到这件事也会感到惊异。华罗庚的生活经历确实给我们很多有益的启发。

华罗庚是一个传奇的人物，是一个自学成才的数学家。

1910年11月12日，华罗庚出生于江苏省金坛县一个小商人家庭，父亲开一间小杂货铺，母亲是一位贤惠的家庭妇女。华罗庚生来并没有特殊的"天才"，小时候是一个天真而顽皮的孩子。他

12 岁从县城仁劬小学毕业后，进入金坛县立初级中学学习。1925年初中毕业后，因家境贫寒，无力进入高中学习，只好到黄炎培在上海创办的中华职业学校学习会计。不到一年，由于生活费用昂贵，被迫中途辍学，回到金坛帮助父亲料理杂货铺。

在单调的站柜台生活中，他开始自学数学。1927 年秋，和吴筱之结婚。1929 年，华罗庚受雇为金坛中学庶务员，并开始在上海《科学》等杂志上发表论文。1929 年冬天，他得了严重的伤寒症，经过近半年的治理，病虽好了，但左腿的关节却受到严重损害，落下了终身残疾，走路要借助手杖。

华罗庚在小学的时候成绩不太好，甚至没有拿到毕业证书，只拿到了修业证书。原因是比较贪玩和淘气。在初中一年级时，数学是经过补考才及格的。他在回忆这件事时说，"并不是我曾冒犯了我的老师，从而老师故意不给我及格，而是我太贪玩了，未好好学习，再加上试卷写得很潦草，所以怪不得老师的"。

当时在金坛中学任教的华罗庚的数学老师，我国著名教育家、翻译家王维克却发现，华罗庚虽贪玩，但思维敏捷，数学习题往往改了又改，解题方法十分独特别致。一次，金坛中学有位老师感叹学校"差生"多，没有"人才"时，王维克道："不见得吧，依我看，华罗庚同学就是一个人才！""华罗庚？"一位老师笑道："你看看他那两个像蟹爬的字吧，他能算个'人才'吗？"王维克有些激动地说："当然，他成为大书法家的希望很小，可他在数学上的才能你怎么能从他的字上看出来呢？要知道金子被埋在沙里的时候，粗看起来和沙子并没有什么两样，我们当教书匠的一双眼睛，最需要有沙里淘金的本领，否则就会埋没人才啊！"

1930 年春，华罗庚的论文《苏家驹之代数的五次方程式解法不能成立的理由》在上海《科学》杂志上发表。有一天，清华大学数学系主任熊庆来，坐在办公室里看一本《科学》杂志。看着看着，不禁拍案叫绝："这个华罗庚是哪国留学生？"周围的人摇摇头，"他是在哪个大学教书的？"人们面面相觑。最后还是一位江苏籍的教员想了好一会儿，才慢吞吞地说："我弟弟有个同乡叫华罗庚，他哪里教过什么大学啊！他只念过初中，听说是在金坛中学当庶务员。"

熊庆来惊奇不已，一个初中毕业的人，能写出这样高深的数学论文，必是奇才。他当即做出决定，将华罗庚请到清华大学来。

从此，华罗庚就成为清华大学数学系助理员。在这里，他如鱼得水，每天都游弋在数学的海洋里，只给自己留下五六个小时的睡眠时间。说起来让人很难相信，华罗庚甚至养成了熄灯之后，也能看书的习惯。他当然没有什么特异功能，只是头脑中一种逻辑思维活动。他在灯下拿来一本书，看着题目思考一会儿，然后熄灯躺在床上，闭目静思，开始在头脑中做题。碰到难处，再翻身下床，打开书看一会儿。就这样，一本需要十天半个月才能看完的书，他一夜两夜就看完了。华罗庚被人们看成是不寻常的助理员。

第二年，他的论文开始在国外著名的数学杂志上陆续发表。清华大学破了先例，决定把只有初中学历的华罗庚提升为助教。

几年之后，华罗庚被保送到英国剑桥大学留学。可是他不愿读博士学位，只求做个访问学者。因为做访问学者可以冲破束缚，同时攻读七八门学科。他说："我到英国，是为了求学问，不是为了得学位的。"

华罗庚没有拿到博士学位。在剑桥的 2 年内，他写了 20 篇论文。论水平，每一篇都可以拿到一个博士学位。其中一篇关于"塔内问题"的研究，他提出的理论被数学界命名为"华氏定理"。

华罗庚以一种热爱科学、勤奋学习、不求名利的精神，献身于他所热爱的数学研究事业。他抛弃了世人所追求的金钱、名利、地位。最终,他的事业成功了。

1946 年 2 月至 5 月,他应邀赴苏联访问。当时的国民政府也想搞原子弹,于是选派华罗庚、吴大猷、曾昭抡 3 位大名鼎鼎的科学家赴美考察。9 月,华罗庚和李政道、朱光亚等离开上海前往美国,先在普林斯顿高等研究所担任访问教授,后又被伊利诺伊大学聘为终身教授。

1949 年新中国成立,华罗庚感到无比兴奋,决心偕家人回国。他们一家 5 人乘船离开美国,1950 年 2 月到达香港。他在香港发表了一封致留美学生的公开信,信中充满了爱国激情,鼓励海外学子回来为新中国服务。3 月 11 日新华社播发了这封信。1950 年 3 月 16 日,华罗庚和夫人、孩子乘火车抵达北京。

华罗庚回到了清华园,担任清华大学数学系主任。接着,他受中国科学院院长郭沫若的邀请开始筹建数学研究所。1952 年 7 月,数学所成立,他担任所长。他潜心为新中国培养数学人才,王元、陆启铿、龚升、陈景润、万哲先等在他的培养下成为著名的数学家。

回国后短短的几年中,他在数学领域里的研究硕果累累。他写成的论文《典型域上的多元复变函数论》于 1957 年 1 月获国家发明一等奖,并先后出版了中、俄、英文版专著;1957 年出版《数论导引》;1959 年莱比锡首先用德文出版了《指数和的估计及其在数论中的应用》,又先后出版了俄文版和中文版;1963 年他和他的学生万哲先合写的《典型群》一书出版。他为培养青少年学习数学的热情,在北京发起组织了中学生数学竞赛活动,从出题、监考、阅卷,都亲自参加,并多次到外地去推广这一活动。大家很熟悉的"华杯赛"就是为了纪念华罗庚,于 1986 年始创的全国性大型少年数学竞赛活动,现在还堪称是国内小学阶段规模最大、最正式也是难度最大的比赛。他还写了一系列数学通俗读物，在青少年中影响极大。他主张在科学研究中要培养学术空气，开展学术讨论。他发起创建了我国计算机技术研究所，他也是我国最早主张研制电子计算机的科学家之一。

1958 年，华罗庚被任命为中国科技大学副校长兼应用数学系主任。在继续从事数学理论研究的同时，他努力尝试寻找一条数学和工农业实践相结合的道路。经过一段时间的实践，他发现数学中的统筹法和优选法是在工农业生产中能够比较普遍应用的方法，可以提高工作效率，改变工作管理面貌。于是，他一面在科技大学讲课，一面带领学生到工农业实践中去推广优选法、统筹法。

1975 年他在大兴安岭推广"双法"时，因积劳成疾，第一次患心肌梗死，后被抢救过来。粉碎"四人帮"后，他被任命为中国科学院副院长。他多年的研究成果《从单位圆谈起》《数论在近似分析中的应用》（与王元合作）、《优选学》等专著也相继正式出版了。1979 年 5 月，他在和世界隔绝了 10 多年以后，到西欧做了 7 个月的访问，以"下棋找高手，弄斧到班门"的心愿，把自己的数学研究成果介绍给国际同行。

1985 年 6 月 3 日，他应日本亚洲文化交流协会邀请赴日本访问。6 月 12 日下午 4 时，他在东京大学数理学部讲演厅向日本数学界做讲演，讲题是《理论数学及其应用》。下午 5 时 15 分讲演结束，他在接受献花的那一刹那，身体突然往后一仰，倒在讲坛上，晚 10 时 9 分宣布他因患急性心肌梗死逝世。

华罗庚一生在数学上的成就是巨大的，他是中国解析数论、矩阵几何学、典型群、自守函数论与多元复变函数论等多方面研究的创始人和开拓者，并被列为芝加哥科学技术博物馆中当今世界 88 位数学伟人之一。国际上以华氏命名的数学科研成果有"华氏定理""华氏不等式""华—王方法"等。他曾任中国科学院院士、美国国家科学院外籍院士、第三世界科学院院士、联邦德国巴伐利亚科学院院士。他之所以有这样大的成就，主要是因为他有一颗赤诚的爱国报国之心和坚忍不拔的创新精神。正因为如此，他才能够毅然放弃美国终身教授的优厚待遇，迎接祖国的黎明；他才能够顶住非议和打击，奋发有为，不为个人而为人民服务，成为蜚声中外的杰出科学家。

最后，摘录几段华老的"警句"：

时间是由分秒积成的，善于利用零星时间的人，才会做出更大的成绩来。

自学，不怕起点低，就怕不到底。

科学成就是由一点一滴积累起来的，唯有长期的积聚才能由点滴汇成大海。

科学的灵感，绝不是坐等可以等来的。如果说，科学上的发现有什么偶然的机遇的话，那么这种"偶然的机遇"只能给那些学有素养的人，给那些善于独立思考的人，给那些具有锲而不舍的精神的人，而不是给懒汉。

科学是实事求是的学问，来不得半点虚假。

学习和研究好比爬梯子，要一步一步地往上爬，企图一脚跨上四五步，平地登天，那就必须会摔跤了。

任何一个人，都必须要养成自学的习惯，即使是今天在学校的学生，也要养成自学的习惯，因为迟早总要离开学校的！自学，就是一种独立学习，独立思考的能力。行路，还是要靠行路人自己。

独立思考能力，对于从事科学研究或其他任何工作，都是十分必要的。在历史上，任何科学上的重大发明创造，都是由于发明者充分发挥了这种独创精神。

科学是老老实实的学问,搞科学研究工作就要采取老老实实、实事求是的态度,不能有半点虚假浮夸。不知就不知,不懂就不懂,不懂的不要装懂,而且还要追下去,不懂,不懂在什么地方;懂,懂在什么地方。老老实实的态度,首先就是要扎扎实实地打好基础。科学是踏实的学问,连贯性和系统性都很强,前面的东西没有学好,后面的东西就上不去;基础没有打好。搞尖端就比较困难。我们在工作中经常遇到一些问题解决不了,其中不少是由于基础未打好所致。一个人在科学研究和其他工作上进步的快慢,往往和他的基础扎实与否有关。

科学上没有平坦的大道,真理长河中有无数礁石险滩。只有不畏攀登的采药者,只有不怕巨浪的弄潮儿,才能登上高峰采得仙草,深入水底觅得骊珠。

数学奇才——拉马努金

印度有一个了不起的数学天才叫拉马努金,他在印度家喻户晓,与圣雄甘地同称"印度之子"。大家可能感到很好奇,这么厉害的一个天才,我怎么从没听说过?下面我们就深入了解一下,拉马努金到底是怎样一个独特和杰出的天才。

拉马努金(1887—1920)是印度史上伟大的数学天才之一,与中国的数学家华罗庚一样,也是自学成才,但与华罗庚又有很大的不同,因为华罗庚虽然主要是自学成才的,但并没有脱离传统数学的正轨,并受到名师的指导和训练。而拉马努金则不同,他是纯粹的自学成才,纯粹的野生野长,在他成才前从没接受过正规的数学指导和训练,正因如此,他开创了一条全新的数学道路。他的直觉的跳跃甚至令今天的数学家也感到迷惑,在他死后70多年,他的论文中埋藏的秘密依然在不断地被挖掘出来。他发现的定理被应用到他活着的时候很难想象到的领域。只可惜,他只活到34岁,如果他也能像牛顿那样活到80多岁,他也许会成为世界上最伟大的数学家。

1887年12月22日,拉马努金出生于印度南部的一个偏僻小镇。虽然是婆罗门家庭出身,家境却十分没落穷困,一家7口人靠父亲在布店打工挣来的微薄薪水度日。

拉马努金从小便表现出了远在同龄人之上的博闻强记,10岁时成绩已经考到了学区第一,还能背出 π 的很多位及大量梵语词根。11 岁时问出的数学问题已经难倒了借住在家里的两个大学生。12 岁时因为毕达哥拉斯定理,对几何学产生了兴趣,遂自行展开对等差级数和等比级数性质的研究。13 岁时,高年级学长借给他一本数学家罗尼编写的教材《高等三角学》,他没多久便自学完毕,得到了正弦和余弦函数的无穷级数展开式,后来才知道,他自己创造出来的公式居然正是大名鼎鼎的欧拉公式。

他 15 岁高中快毕业时,朋友借给他英国数学家卡尔(G. Carr)写的《纯粹数学与应用数学基本结果汇编》一书。该书收录了代数、微积分、三角学和解析几何的 5000 多个方程,但书中没有给出详细的证明。这正好符合拉马努金的胃口,给了他很大的自由发挥空间,他把每一个方程式当成一个研究题目,尝试用自己独特的方法对其进行证明,而且还对其中一些进行推广,这花去了他大约 5 年的时间,留下了几百页的数学笔记。他证明了其中的一些方程,更重要的是,在此过程中,他开辟了一条新的数学道路,并从中发现了很多新公式、新定理,培养出了一种超常的直觉思维能力,对他今后的工作产生了深远的影响。这本书使他成了一个超级数学天才,彻底改变了他的命运和人生道路。

高中毕业时,他的成绩已经好到校长觉得满分都不足以道尽他的优秀。他也因此获得了大学的奖学金。然而过度沉迷于数学让他挂掉了其他绝大多数课程,奖学金也被中止。拉马努金换了所高校就读,结果却依旧毫无起色:数学优秀,但其他科目几乎都不及格,补考还是不及格。学校对他忍无可忍,最终将他开除。

辍学令本不富裕的拉马努金的生活雪上加霜。幸而马德拉斯港务信托处官员拉奥赏识他的数学才华,愿意让他以虚职挂在自己办公室名下,实际只需在家专注研究数学问题。然而无端接受别人的资助对拉马努金来说并不是愉快的体验,自尊心很强的他有时一个月都不愿去领一次工资。最潦倒的时候,拉马努金的胳膊肘上结了一层厚厚的老茧,因为他已经连最便宜的算草纸也买不起,只能用粉笔在石板上演算,写满就赶紧用手肘擦掉继续。

没有文凭,没有收入,连一箪食一豆羹都要靠别人施舍,拉马努金看不到自己的未来,却不曾有一刻放弃过数学。1911 年,拉马努金的第一篇论文《关于伯努利数的一些性质》发表在《印度数学学会会刊》上。数学界的大门从此正式对他敞开。

在陆续发表了几篇文章后,他的资助人和朋友试图将他介绍给英国数学界。

1913 年 1 月 31 日,英国剑桥大学 36 岁的著名数学家 G. H. 哈代收到了一摞从印度寄来的手稿,并附介绍函一封:

尊敬的先生,谨自我介绍如下:

  我是马德拉斯港务信托处的一名会计师,年薪不过 20 英镑……我在发散级数理论上取得了一些惊人的进展,破解了由来已久的素数分布问题……如果您认为我的定理有价值,我会将它们发表……我只是个无名小卒,您提出的任何建议都将为我所珍视。

  冒昧打扰,还望见谅。

S. 拉马努金敬启

哈代的第一反应是认为这是一封诈骗邮件。他放下信,随手翻了翻那叠手稿。手稿里有莫名其妙、看似荒诞的公式,也有实验性质的数学研究方法论,更不乏整页整页的怪异公式,看到后面几页,哈代不禁惊呼:"这些定理彻底把我打败了,真是见所未见,闻所未闻!"在看完最后一页上的连分式定理后,哈代认为这些定理"一定是成立的,因为没有哪个人类的想象力可以强大到凭空把它们造出来。"哈代的一位同事在看过拉马努金的手稿后,评价说:"即使在世界上最顶尖的数学测试里,也不会有人能证出其中任何一条定理。"

当时他们还不知道,写出这些公式的印度穷小子拉马努金不但从未参加过世界顶尖数学测试,甚至连正规的高等数学教育都没受过。

哈代比拉马努金大 10 岁,父母都是老师,从小上的都是名校,而他是名校里的尖子生。从剑桥三一学院毕业后,哈代顺理成章留校成了研究员,收到拉马努金信件的时候早已升到了教授级别。

哈代具有优秀的头脑,完美的学历,成功的事业,但性格过于古板,同时还是坚定的无神论者——他的一切都和拉马努金截然相反。难怪日后哈代评价说,自己和拉马努金的合作是"一生中最浪漫的事件"。

在征求了同事、数学家李特尔伍德的意见之后,哈代确信,拉马努金的研究"绝对是我见过的最卓越的",并且称拉马努金是"最高水平的数学家,一个同时兼具创造力和能力的人"。几番周折,1914 年,哈代终于说服了迟迟不愿离开印度的拉马努金,剑桥三一学院终于迎来了有史以来第一个印度院士。

尽管拉马努金的学习态度刻苦又真诚,但哈代很快发现,没有专业数学底子的拉马努金从某种意义上说根本不明白"证明"是怎样的过程,对现代意义上的学术严谨缺乏最基本的概念,也不懂得用专业术语进行描述。这个笃信教的印度人每当需要灵感和思路时就祭拜大吉祥天女,接下来"眼前就会出现打开的卷轴,上面有写好的公式"。拉马努金曾说过,如果一个公式不能代表神的旨意,那么对他来说就分文不值。

　　显然,作为伯乐的哈代可不这么认为。在他看来,"我们学习数学,而拉马努金则发现并创造了数学"。

　　本来想象力就异常丰富的拉马努金,在哈代严格的指导下如鱼得水,在接下来的 5 年里,他们共同发表了 28 篇重要论文。因为在数学上的卓越成就,拉马努金 31 岁时当选为第一个英国皇家学会的亚洲会员。他在堆垒数论尤其是整数分拆方面做出了重要贡献,在椭圆函数、超几何函数、发散级数等领域也有不少成果。他所预见的数学命题中,有许多在日后得到了证实。例如,仅仅靠证明了拉马努金 1916 年提出的一个猜想,比利时数学家德利涅就获得了 1978 年的菲尔兹奖(数学界的世界最高奖)。

　　除了在纯粹数学方面做出卓越的成就以外,拉马努金的理论还在其他专业得到了广泛应用。他发现的数个定理在包括粒子物理、统计力学、计算机科学、密码技术和空间技术等不同领域起着相当重要的作用,甚至晶体和塑料的研制也受到他创立的整数分拆理论的启发。而他在黎曼 ζ 函数方面的研究成果,现在已经与齿轮技术的进步挂上了钩,还被用于测温学及冶金高炉的优化。他生命中的最后一项成果——模仿 θ 函数有力地推动了用孤立波理论来研究癌细胞的恶化和扩散以及海啸的运动。最近有专家认为,这一函数很可能被用来解释宇宙黑洞的部分奥秘,而令人吃惊的是,当拉马努金首次提出这种函数的时候,人们连黑洞是什么都还一无所知。

　　不幸的是,由于第一次世界大战的爆发,剑桥大学和整个英国的生存条件都严重恶化,物价飞涨,食品短缺,再加上工作繁忙、劳累过度,以及严格的素食和英伦湿冷的天气,使得拉马努金的健康渐渐恶化,最终患上了肺结核。战争结束后,他于 1919 年回到印度老家,并于 1920 年病逝,年仅 34 岁。

至今,仍不乏追随者在沿着拉马努金的足迹前行,孜孜不倦地钻研着拉马努金的笔记,试图挖掘出潜在的价值。

千禧年时,《时代》周刊选出了 100 位 20 世纪最具影响力的人物,其中就有拉马努金,并称赞他是一千年来印度最伟大的数学家。

2015 年,一部由导演马修·布朗最新拍摄的传记体电影——《知无涯者》,讲述了印度传奇数学家拉马努金的一生。

最后再给大家说两个和拉马努金有关的有趣故事。

第一个故事:哈代有一次去探望病中的拉马努金时,对他讲,自己刚才乘坐的出租汽车车号 1729 似乎没有什么意义,但愿它不是一个不祥的预兆。拉马努金却回答:"不,这是一个很有意思的数,1729 是可以用两种方式表示成两个自然数立方和的最小的数(既等于 1 的三次方加上 12 的三次方,又等于 9 的三次方加上 10 的三次方,后来这类数被称为"的士数")"。哈代又问,那么对于四次方来说,这个最小数是多少呢? 拉马努金想了想,回答说:"这个数很大,答案是 635318657。"(既等于 59 的四次方加上 158 的四次方,又等于 133 的四次方加上 134 的四次方)。

第二个故事:2013 年 11 月 9 日,广州恒大和首尔 FC 将在广州天河体育场进行足球亚洲杯冠军争夺战,赛前双方的心理战打得热火朝天,恒大发布了一个海报,如下图:

海报以非常隐晦的方式暗示：恒大将以 3∶0 的比分战胜首尔。海报的左侧是恒大一方，用的是拉马努金恒等式，结果为 3；右侧是首尔一方，用的是欧拉恒等式，结果为 0。这样，虽然没有透露出具体比分预测，但是"冠军终归这里"上面的一支笔落在恒大一方，含蓄预示着恒大将以 3∶0 战胜首尔。因为读懂该海报需要一定的数学功底，所以海报一出就吸引了很多人的议论和关注。

拓展思维：

证明拉马努金恒等式：

$$3 = \sqrt{1+2\times4} = \sqrt{1+2\sqrt{1+3\times5}} = \sqrt{1+2\sqrt{1+3\sqrt{1+4\times6}}}$$

$$= \sqrt{1+2\sqrt{1+3\sqrt{1+4\sqrt{1+5\times7}}}}$$

$$= \sqrt{1+2\sqrt{1+3\sqrt{1+4\sqrt{1+5\sqrt{1+6\times8}}}}} = \cdots$$

数学家的小故事

纳皮尔的故事

纳皮尔是 16 世纪苏格兰的数学家、神学家,他一生研究数学,以发明对数运算而著称。下面是广泛流传的有关纳皮尔的两个小故事。

一次,他宣称他的黑毛公鸡能为他证实,他的哪一个仆人偷了他的东西。仆人们被一个接一个地叫进暗室。要他们拍公鸡的背,仆人们不知道纳皮尔用烟灰涂黑了公鸡的背。自觉有罪的那个仆人怕碰着那个公鸡。所以回来时手是干净的。

还有一次,纳皮尔因他的邻居的鸽子吃他的粮食而感到烦恼。他恫吓道,如果他的邻居不限制鸽子,让它们乱飞,他就要没收那些鸽子。邻居认为自己的鸽子根本不可能被捉住,就回敬纳皮尔说,如果他能捉住它们,就尽管捉好了。第二天,邻居看到他的那些鸽子在纳皮尔的草坪上东倒西歪地走着,十分惊讶。纳皮尔镇静自若地把它们装进一只大口袋。原来,纳皮尔在他的草坪上各处撒了些用白兰地酒泡过的豌豆,使这些鸽子醉了。

学好数学可以救命——诺奖得主死里逃生记

著名的物理学家和科普作家乔治·伽莫夫在他的自传《我的世界线》里讲了一个真实的故事,这个故事是一个亲历者讲述给伽莫夫听的。

这位亲历者名字叫伊戈尔·塔姆,莫斯科大学毕业,苏联著名的物理学家,1958 年诺贝尔物理奖获得者。

塔姆年轻的时候曾经在乌克兰敖德萨大学任物理教授,那时候还是红军和白匪打仗的年代。在红军占领敖德萨期间,有一天,塔姆的食欲被勾起来了,想吃鸡肉了。他顺手在家里拿了六把银匙来到一个村庄,想用银匙换几只小鸡打打牙祭。

没想到这个村庄有一股土匪——马赫诺匪帮经常出没骚扰红军。正当塔姆和村民为了六把银匙能换几只小鸡而讨价还价的时候,土匪出现了。土匪甲看到塔姆的穿戴和气质根本不像村里人,怀疑他是红军的探子,就把他抓起来,带到土匪头子面前进行审问。

土匪头子满脸络腮胡子,腰里别着手榴弹,胸前挂着子弹带,一副凶神恶煞的样子。他走到塔姆跟前,厉声喝问:"你这个家伙,是不是想来颠覆我们的乌克兰祖国啊,对你的惩处就是立即执行死刑!"

塔姆慌忙辩论道:"不,我就是敖德萨大学的一个穷教授,来这里就是为了弄点吃的。"塔姆还想辩解,被土匪头子粗暴地打断:"胡说! 就你这熊样还是教授? 你算是哪门子教授?"

塔姆赶紧回答道:"我是物理教授,教数学的。"

匪头一听塔姆是教数学的,上下打量了一下塔姆,然后慢悠悠地说:"那好吧,相信你一回,就算你小子是教数学的。那我问问你,你要是能把麦克劳林级数取到第 n 项,请问会产生多大的误差? 如果你算出来了,老子就饶你一命,立马放你走。如果算不出来,哼哼,你小子今天就休想活命!"

妈呀,塔姆简直不敢相信自己的耳朵,麦克劳林级数分明是属于高等数学一个相当专门的分支学科里的高深问题,居然从一个

神奇的数学

杀人不眨眼的土匪头子嘴里说出来!

为了活命,题目再难死活也得做出来啊。塔姆在周围荷枪实弹的土匪枪口下,终于凭借深厚的数学功底哆哆嗦嗦算出了答案,然后交给土匪头子过目。

土匪头子看了看答案,嘴角不轻易地露出一丝微笑:"算你小子答对了,看来你这个教授不是草包,是货真价实的。好,我也说话算话,你现在可以回家了。"

塔姆终于可以活着回家了,这世界上因此也多了一位诺贝尔物理奖获得者。伽莫夫在自传里写道:"这个土匪头子是谁,没人知道。如果他不战死在疆场的话,也许以后会站在乌克兰某座大学里讲授高等数学呢。"

学好数学不仅可以养家糊口,关键时候还可以救命啊!

看来,俄罗斯人血液里不仅流淌着伏特加,还流淌着数学,连土匪头子都有着深厚的数学功底!

双手互搏术

青年作家萨苏是一位军史和日本问题的研究者。最近 6 年他在博客上断断续续写了一本故事集——《高墙深院里的科学大腕》,该书近日出版。他从小生活在中科院大院里,书中写了很多中科院那些鼎鼎有名的科学家的一些逸闻趣事,下面摘录几则。

我爹的记忆力十分惊人,学打扑克我爹就占了上风,一盘争上游下来,没弄明白规则,一不留神,就用上了他那个背一百位圆周率不打磕巴的旧脑袋,问人家:"第三轮出牌,你为什么出 10、J、Q 啊?"人家说为什么不能出呢? 我爹说你第九轮还出了一个梅花 Q,为什么把两个 Q 破开呢? 出牌的一愣,"您记得这么清楚?""凑合吧,短短一局牌嘛。""那从头到尾我们打的牌您都记得?"我爹点点头,就从开头出一对三开局,一直说到了结尾某人连甩三条大顺子,打牌的人吃惊地频频点头,陪打的我娘当场崩溃,高挂免战,我爹和平演变,不战而胜。

那,老爷子和双手互搏有什么关系呢? 这是因为我有一段时间看金庸的小说太着迷,走火入魔拿老爹老娘开玩笑闹的。

先交代清楚了,我爹是纯粹一书生,也就会比画两下杨氏太极,绝对不是武林高手之类。

金庸的文化功底深厚,无论真假,武功上面的事情他总能自圆其说,至少逻辑上没有问题。看到周伯通教郭靖双手互搏,入门课是一手画方,一手画圆,结果是一根筋的郭靖一学就会,而冰雪聪明的黄蓉同学却是无论如何过不了这一关。一边觉得有趣一边自己比画了两下,结果自然是不成。实际上后来在同学中试验,发现绝大多数人都是不成的,无论聪明与否。忽然心念一动,就琢磨起在一边看书的我娘来。我娘虽然没有黄帮主的资质,但聪明也是称得上的,高考数学、物理满分。何不让她试试呢? 看看到底这门功夫是不是真的聪明人学不了?

跟老太太一说,有个智力测验,如此如此,果然把我娘的兴趣钩了起来。

半个小时以后,我爹回来,看见一大沓糟蹋掉的白纸,好奇地问:你画这么多梨子做什么?

问明原委后,我爹摆摆手道,"这有什么稀奇,当初我们到德国进修计算机原理课程,教授有个练习就是让我们左手写英文,右手写德文,体会计算机分时系统的工作方式呢。"

"您练了多久?"

"一个月以后才像点模样,在国外举目无亲的,做点儿这种练习免得想家。"

"一个月啊?"

"那也得看谁,"我爹眯着眼睛说,"回国了我转授课程,也拿这个做例子,结果有人当场就做出来了,还加上了发挥。"

"谁啊?"

"吴文俊啊,下课就上来在黑板上练起来。"

"吴先生德文稍差,英文法文都好,所以是左手英文右手法文,居然是洋洋洒洒。而内容,竟是现场翻译红灯记选段! 嘴里还哼着莫斯科郊外的晚上!"

天,这哪儿是双手互搏,这是四国大战啊!

金庸解释说,只有那些心无杂念,心地纯净,无私无欲的人,才可以修成。一手画圆圈,一手画方块,分身有术,不如分心有术,一心能够二用。

你想不想试一下呢?

数学家买西瓜

20 世纪 80 年代的北京中关村,每到盛夏,82 楼门口总有个大号的西瓜摊,摊主是个歪脖子大兴人,姓魏,挑西瓜不用敲,用耳朵贴上听,十拿九稳。因为这个绝活儿,在中关村的小摊贩里位列八大怪之一。

一天,数学所所长王元也和夫人一起来买瓜,径直走到了魏歪脖的瓜棚子前。由于魏歪脖的瓜好,总有不少人围着买,为了图个省事,他就不再称重,分大瓜小瓜卖,大瓜三块钱一个,小瓜一块钱一个。看着大瓜小瓜尺寸差别不是很大,很多人都拼命往小瓜那边挤。

王太太刚想挤到小瓜那边,王先生说,买那个大的。

"大的贵 3 倍呢。"太太犹豫。

"大的比小的值。"王先生说。

王太太挑了两个大瓜,交了钱,看看别人都在抢小瓜,似乎又有些犹豫。

王先生看出她犹豫,笑笑说:"你吃瓜吃的是什么? 吃的是容积,不是直径。那小瓜的直径是大瓜的三分之二稍弱,容积可是按半径立方算的。小的容积不到大的 30%,当然买大的赚。"

王太太点点头,又摇摇头,你算的不对,那大西瓜皮厚,小的西瓜还皮薄呢,算容积,恐怕还是大的吃亏。

却见王先生胸有成竹,点点头道:嘿嘿你别忘了那小西瓜的皮却是 3 个瓜的,大西瓜只有 1 个,哪个皮多你再算算看。

王太太说:头疼,我不算了,两个人抱着西瓜回家了,留下魏歪脖看得目瞪口呆,心想,王先生到底是搞数学的,连买瓜都用上了数学知识。

拓展思维:

王先生说:小瓜的半径是大瓜的三分之二稍弱,所以小瓜的容积不到大瓜的 30%,而 3 个小瓜的表面积比 1 个大瓜的表面积大,他说得有道理吗?

心不在焉的维纳

维纳(Norbert Wiener, 1894—1964)大约是 20 世纪上半叶世界上最伟大的一位美国数学家。他过人的才智为同行所钦佩,而他也同样因为心不在焉而出名。

在麻省理工学院(MIT)执掌教鞭数年之后,维纳一家人搬到了一栋比较大的房子里。他的太太深知他的老毛病,晓得他可能会记不住新家的地址，以至于下班之后回不了家，所以她特地把地址写在一张纸上，让他放在外衣的口袋里。不过那天在吃中饭的时候，他突然想到一个非常好的数学点子，急切之间把字条给掏了出来，在上面做了一些计算式子。做着做着，却又突然发现了破绽，才知道这点子并不怎么样，一气之下就把那张纸揉成一团丢进了废纸篓。等到一天终于忙完，到了该回家的时候，他才想到自己把写有地址的字条给丢掉啦！这下子他怎么想也想不起新家在哪儿。

不过，他那大数学家的头脑也不是徒有虚名，一转念便想到了办法：回到原来住处，等在屋前。因为如果他逾时未抵家门，他老婆一定知道他是迷路了，所以会到旧屋那儿去接他。很不幸，当他抵达旧家时，并没瞧见他老婆的倩影，倒是发现一位小姑娘站在屋前，于是他上前问她："对不起，小妹妹，你知不知道住在这儿的人搬到什么地方去啦？"不料，这个小姑娘却回答说："老爸，别担心，妈妈叫我来带你回家。"

附言：最近有一家数学通讯社循线找到了维纳的女儿，向她求证这项传闻，她断然否认当年她老爸糊涂到连亲生女儿都认不出来，不过却坦诚她老爸的确不知道回家之路。

有一次，维纳的一个学生看见维纳正在邮局寄东西，很想自我介绍一番。在麻省理工学院真正能与维纳直接说上几句话、握握手，还是十分难得的。但这位学生不知道怎样接近他为好。这时，只见维纳来来回回踱着步，陷于沉思之中。这位学生更担心了，生怕打断了先生的思路，而损失了某个深刻的数学思想。但最终还是鼓足勇气，靠近这个伟人："早上好，维纳教授！"维纳猛地一抬头，拍了一下前额，说道："对，维纳！"原来维纳正要往邮件上写寄件人姓名，但忘记了自己的……

爱因斯坦与司机

伟大的物理学家爱因斯坦因提出相对论而举世闻名,此后,发生了这样一个故事。

盛名之下的爱因斯坦每天忙于应付不计其数的大学请他做演讲,搞得他疲惫不堪。爱因斯坦每次到大学去都是由专职司机理查开车送他,一到会场后,理查就在台下听演讲,一直做了 30 来次听众,而且每次都是聚精会神,从头听到尾。

理查是位风趣的美国人,一天他向疲于奔命的爱因斯坦提建议:"您实在太辛苦了,也一定讲烦了,您的演讲内容我可以背下来了,我想下次演讲时让我穿着您的衣服,让我来代您演讲,可以吗?"

"好啊,反正那里认得我的人也不多。"同样幽默风趣的爱因斯坦回答道。

接下来的那场演讲,穿着爱因斯坦衣服的理查把相对论解说得没有任何差错,甚至把爱因斯坦的表情和动作也模仿得惟妙惟肖。爱因斯坦则打扮成司机模样,坐在台下认真听讲。

然而,就在演讲结束,理查准备下台时,一件意料不到的事突然发生了。一位教授模样的先生站起来,像发连珠炮似的提出了许多问题。真的爱因斯坦静坐在会场的角落,心中吃惊不小,但假的爱因斯坦却轻松地对那位教授说:"您的这些问题很简单,可以让我的司机来回答……喂,理查,你上来回答这位先生的问题吧!"

于是,真的爱因斯坦赶紧走上讲台,并迅速对问题做了说明。

不可微—不吃饭

波兰伟大的数学家伯格曼(Stefan Bergman, 1898—1977)离开波兰后,先后在美国布朗大学、哈佛大学和斯坦福大学工作。他不大讲课,生活支出主要靠各种课题费维持。由于很少讲课,他的外语得不到锻炼,无论口语还是书面语都很晦涩。但伯格曼本人从不这样认为。他说:"我会讲12种语言,英语最棒。"事实上他有点口吃,无论讲什么话别人都很难听懂。有一次他与波兰的另一位分析大师用母语谈话,不一会对方提醒他:"还是说英语吧,也许更好些。"

1950年国际数学大会期间,意大利一位数学家西切拉(Sichera)偶然提起伯格曼的一篇论文可能要加上"可微性假设",伯格曼非常有把握地说:"不,没必要,你没看懂我的论文。"说着拉着对方在黑板上比画起来,同事们耐心地等着。过了一会西切拉觉得还是需要可微性假设。伯格曼反而更加坚定起来,一定要认真解释一下。同事们插话:"好了,别去想它,我们要进午餐了。"伯格曼大声嚷了起来:"不可微—不吃饭。"(No differentiability, no lunch.)最终西切拉留下来听他一步一步论证完。

还有一次伯格曼去西海岸参加一个学术会议,他的一个研究生正好要到那里旅行结婚,他们恰好乘同一辆长途汽车。这位学生知道他的毛病,事先商量好,在车上不谈数学问题。伯格曼满口答应。伯格曼坐在最后一排,这对要去度蜜月的年轻夫妇恰巧坐在他前一排靠窗的位置。10分钟过后,伯格曼脑子里突然有了灵感,不自觉地凑上前去,斜靠着学生的座位,开始讨论起数学。再过一会,那位新娘不得不挪到后排座位,伯格曼则紧挨着他的学生坐下来。一路上他们兴高采烈地谈论着数学。幸好,这对夫妇婚姻美满,有一个儿子,这个研究生还成了著名数学家。

拓展思维解答

《数学英雄——欧拉》拓展思维解答：

1.解答：(1)设宽度为 x，则面积为

$S=x(50-x)=-x^2+50x=-(x^2-50x+25^2)+25^2=-(x-25)^2+625$，

所以围成一个边长为 25m 的正方形时，面积最大，最大面积为 $625m^2$。

(2)设宽度为 x，则面积为

$S=x(100-2x)=-2x^2+100x=-2(x^2-50x+25^2)+2\times25^2=-2(x-25)^2+1250$，

所以围成一边靠墙，其他三边宽 25m、长 50m 的长方形时，面积最大，最大面积为 $1250m^2$。

2.解答：设 H，G，O，分别为 $\triangle ABC$ 的垂心、重心、外心。

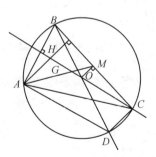

作 $\triangle ABC$ 的外接圆，连接并延长 BO，交外接圆于点 D。连接 AD，CD，AH，CH，OH。作中线 AM，设 AM 交 OH 于点 G'。

∵ BD 是直径

∴ ∠BAD、∠BCD 是直角

∴ $AD \perp AB$,$DC \perp BC$

∵ $CH \perp AB$,$AH \perp BC$

∴ $DA // CH$,$DC // AH$

∴ 四边形 $ADCH$ 是平行四边形

∴ $AH = DC$

∵ M 是 BC 的中点,O 是 BD 的中点

∴ $OM = \dfrac{1}{2}DC$

∴ $OM = \dfrac{1}{2}AH$

∵ $OM // AH$

∴ △$OMG' \backsim$ △HAG'

∴ $AG/GM = 2$

∴ G' 是 △ABC 的重心

∴ G 与 G' 重合

∴ O,G,H 三点在同一条直线上

且有 $OG = \dfrac{1}{2}GH$ 　　　　　　　　　证毕

如果使用向量工具,证明过程可以得到极大的简化。

《数学奇才——拉马努金》拓展思维解答:

解答:反复利用平方差公式,把一个数展开成一个根式:

$3 = \sqrt{1 + 2 \times 4}$,$4 = \sqrt{1 + 3 \times 5}$,$5 = \sqrt{1 + 4 \times 6}$,…,

$n = \sqrt{1 + (n-1)(n+1)}$,$n + 1 = \sqrt{1 + n(n+2)}$,$n + 2 = \sqrt{1 + (n+1)(n+3)}$,…

即可推得恒等式成立。

《数学家的小故事》拓展思维解答：

解答：王先生说得有道理。

设球体的半径为 r，则球体的体积为 $V = \dfrac{4}{3}\pi r^3$，表面积为 $S = 4\pi r^2$，如果小瓜半径是大瓜半径的 $\dfrac{2}{3}$，则小瓜体积是大瓜体积的 $\dfrac{8}{27}$，约 30%；而小瓜表面积是大瓜表面积的 $\dfrac{4}{9}$，所以 3 个小瓜的表面积就超过了大瓜。

2

数学名题与趣题

世界三大数学猜想

有许多数学命题，至今人们都不能证明它成立，也无法否定它。这类问题就叫数学猜想。对数学猜想有 3 个努力方向：一是证明它；二是推翻它；三是说清楚它既不能被证明也不能被推翻的道理。目前，有些猜想已被验证为正确，并成为定理；有的被验证为错误；还有一些正在验证过程中。

数学猜想是以一定的数学事实为根据，包含着以数学事实作为基础的可贵的想象成分；没有数学事实做根据，随心所欲地胡猜乱想得到的命题不能称之为"数学猜想"。数学猜想通常是应用类比、归纳的方法提出的，或者是在灵感中、直觉中闪现出来的。例如，中国数学家和语言学家周海中根据已知的梅森素数及其排列，巧妙地运用联系观察法和不完全归纳法，于 1992 年正式提出了梅森素数分布的猜想（即"周氏猜测"）。

目前，有些猜想已被验证为正确（如费马猜想、四色猜想、庞加莱猜想等），并成为定理；有的被验证为错误（如欧拉猜想、费马猜想、冯·诺伊曼猜想等）；还有一些正在验证过程中（如黎曼假设、周氏猜测、孪生素数猜想、哥德巴赫猜想等）。

研究数学猜想的重要意义，不仅在于猜想本身的被证明或被推翻，更在于在解决数学猜想过程中所采用的创新研究方法，它是促进数学发展的重大影响因子。

在数学史上林林总总的数学猜想中，比较著名的是费马猜想、四色猜想和哥德巴赫猜想，号称世界三大数学猜想。

费马猜想的证明于 1995 年由英国数学家安德鲁·怀尔斯（Andrew Wiles）完成，遂称费马大定理。

四色猜想的证明于 1976 年由美国数学家阿佩尔（Kenneth Appel）与哈肯（Wolfgang Haken）借助计算机完成，遂称四色定理。

哥德巴赫猜想尚未解决，目前最好的结果（陈氏定理）由中国数学家陈景润在 1966 年取得。

这三个问题的共同点就是题面简单易懂，内涵深邃无比，影响了一代又一代的数学家。

费马大定理

大约 1637 年，法国数学家费马在阅读古希腊名著《算术》时，在书边的空白地方，写下了以下一段著名的话："……将一个立方数分成两个立方数，一个四次幂分成两个四次幂，或者一般地将一个高于二次幂的数分成两个相同次幂，这是不可能的。关于此，我确信已发现一种美妙的证法，可惜这里空白的地方太小，写不下。"

简单地说，就是：当整数 $n > 2$ 时，方程 $x^n + y^n = z^n$ 无正整数解。

费马的儿子在他去世后，在其图书室里发现了他的这个手迹，并于 1670 年公之于世。人们曾找遍了费马的藏书、遗稿、笔记等一切可能的地方去寻找他那"美妙的证法"，都没有找到。费马绝没有想到，他写在书边上的寥寥数语，留给后人的却是数学上最大的不解之谜。

这个谜在此后的 300 多年间,困惑、吸引、难倒了数不尽的数学家,包括"数学英雄"欧拉、"数学王子"高斯在内的第一流数学家都在难题面前败下阵来。直到 1995 年,这个比哥德巴赫猜想更悠久、更有名的难题才被出身英国剑桥的数学家安德鲁·怀尔斯攻克了。

　　怀尔斯提交的两篇论文总共有 130 页,是历史上核查得最彻底的数学稿件,它们发表在 1995 年 5 月的《数学年刊》上。怀尔斯的照片出现在《纽约时报》的头版上,标题是《数学家称经典之谜已解决》。作者约翰·科茨说:"用数学的术语来说,这个最终的证明可与分裂原子或发现 DNA 的结构相媲美,对费马猜想的证明是人类智力活动的一曲凯歌,同时,不能忽视的事实是它一下子就使数学发生了革命性的变化。对我说来,安德鲁成果的美和魅力在于它是走向代数数论的巨大一步。"

　　怀尔斯说:"……再没有别的问题能像费马猜想一样对我有同样的意义。我拥有如此少有的特权,在我的成年时期实现我童年的梦想……那段特殊漫长的探索已经结束了,我的心已归于平静。"

　　然而,费马本人到底有没有找到一种美妙的证法解决这个问题呢? 这个千古之谜却仍然没有解开。不过,谜底似乎不再重要。因为无论谜底如何,作为伟大的创造者,费马早已跻身于世界第一流数学家的行列,并赢得了"业余数学家之王"的美誉!

四色猜想

　　四色问题的内容是:"任何一张平面地图,最多只用 4 种颜色,就能使具有共同边界的国家着上不同的颜色。"

　　四色猜想的提出来自英国。1852 年,毕业于伦敦大学的格斯里(Francis Guthrie)来到一家科研单位搞地图着色工作时,发现了一种有趣的现象:"看来,每幅地图都可以用 4 种颜色着色,使得有共同边界的国家都被着上不同的颜色。"这个现象能不能从数学上加以严格证明呢? 他和他正在读大学的弟弟决心试一试,但是稿纸已经堆了一大沓,研究工作却是没有任何进展。

1852 年 10 月 23 日,他的弟弟就这个问题的证明请教了他的老师,著名数学家德·摩尔根。摩尔根也没有能找到解决这个问题的途径,于是写信向自己的好友,著名数学家汉密尔顿爵士请教。汉密尔顿接到摩尔根的信后,对四色问题进行论证。但直到 1865 年汉密尔顿逝世为止,问题也没能够得到解决。

人们发现四色问题出人意料地异常困难,曾经有许多人发表四色问题的证明或反例,但都被证实是错误的。后来,越来越多的数学家虽然对此绞尽脑汁,但一无所获。于是,人们开始认识到,这个貌似容易的问题,其实是一个可与费马猜想相媲美的难题。1872 年,英国当时最著名的数学家凯利正式向伦敦数学学会提出了这个问题,于是四色猜想成了世界数学界关注的问题。世界上许多一流的数学家都纷纷参加了四色猜想的大会战。

1878—1880 年两年间,著名的律师兼数学家肯普(Alfred Kempe)和泰勒(Peter Guthrie Tait)两人分别提交了证明四色猜想的论文,宣布证明了四色定理。

大家都认为四色猜想从此也就解决了,但其实肯普并没有证明四色问题。11 年后,即 1890 年,在牛津大学就读的年仅 29 岁的赫伍德以自己的精确计算指出了肯普在证明上的漏洞。不久泰勒的证明也被人们否定了。人们发现他们实际上证明了一个较弱的命题——五色定理。就是说对地图着色,用 5 种颜色就够了。

电子计算机问世以后,由于演算速度迅速提高,加之人机对话的出现,大大加快了对四色猜想证明的进程。美国伊利诺伊大学哈肯在 1970 年与阿佩尔合作,编制了一个很好的程序。1976 年 6 月,他们在美国伊利诺伊大学的两台不同的电子计算机上,用了 1200 个小时,做了 100 亿个判断,终于完成了四色猜想的证明,获得了四色定理,轰动了世界。

这是一百多年来吸引许多数学家与数学爱好者的大事,当两位数学家将他们的研究成果发表的时候,当地的邮局在当天发出的所有邮件上都加盖了"四色足够"的特制邮戳,以庆祝这一难题获得解决。

四色猜想的被证明,不仅解决了一个历时 100 多年的难题,而且成为数学史上一系列新思维的起点。一个多世纪以来,数学家们为证明这条定理绞尽脑汁,所引进的概念与方法刺激了拓扑学与图论的生长、发展。在四色猜想的研究过程中,不少新的数学理论随之产生,也发展了很多数学计算技巧。如将地图的着色问题化为图论问题,丰富了图论的内容。不仅如此,四色定理在有效设计航空班机日程表,设计计算机的编码程序等问题上都起到了推动作用。

但证明并未止步,计算机证明无法给出令人信服的思考过程。不少数学家并不满足于计算机取得的成就,他们认为应该有一种简洁明快的书面证明方法。直到现在,仍由不少数学家和数学爱好者在寻找更简洁的证明方法。

哥德巴赫猜想

哥德巴赫猜想是个著名的超级数学难题。

哥德巴赫是德国数学家,生于 1690 年,从 1725 年起当选为俄国圣彼得堡科学院院士。在圣彼得堡,哥德巴赫结识了大数学家欧拉,两人书信交往达 30 多年。

他在写给欧拉的一封信中写道:"任意一个奇数,例如 77,可以分解为 3 个质数的和:77＝53＋17＋7。再任意取一个奇数 461,461＝449＋7＋5,这 3 个数也都是质数;461 还可以分解为另外 3 个质数的和,461＝257＋199＋5,如此等等。现在我对此已十分清楚:任意奇数都可以分解成 3 个质数之和。但是如何证明呢? ……"

这就是哥德巴赫猜想最初的表达。不久,哥德巴赫收到了欧拉的回信,信中说他也无法证明这个猜想,但以为这个猜想是完全正确的。欧拉还在信中敏锐地指出,这个猜想还可以进一步表述为:"从 4 开始,任意偶数都可以分解成 2 个质数的和。"但是一直到死,欧拉也无法证明。

这就是数学家们迄今仍在努力证明的哥德巴赫猜想。

我们可以举出一大串例子来验证这个猜想,但是,这样的例子举得再多,也不能把哥德巴赫猜想变成哥德巴赫定理。有人验证过,从 4 到 90000000 这个范围内,哥德巴赫猜想都是正确的;后来又有人验算到 3.3 亿,发现在这样大的范围内,哥德巴赫猜想也是正确的。可谁又能保证,对于比 3.3 亿还大的偶数,哥德巴赫猜想也一定是正确的呢?

1920 年,挪威数学家布朗证明了一个数学结论:每一个比 2 大的偶数都可以表示为(9＋9)。这里(9)是一个记号,它表示一种数,这种数可以分解成几个质数的乘积,而这些质数的个数不会超过 9。(9＋9)就是两个这样的数相加的意思。

证明(9＋9)有什么作用呢? 按照布朗的思路,既然一下子证明不出哥德巴赫猜想,不妨采取步步为营、逐步缩小包围圈的办法来解决。如果能从证明(9＋9)开始,逐步减少每个数里所含质数因子的个数,直到最后使每个数里都有一个质数为止,这不就证明了哥德巴赫猜想了吗?

布朗迈出的这一步具有举足轻重的意义。此后,数学家们沿着这一思路相继证明了(7＋7)、(6＋6)、(5＋5)、(4＋4),不断朝着终极目标(1＋1)前进。这里,(1)只是个记号,它表示一个质数;(1＋1)就表示哥德巴赫猜想。

早在1938年,我国著名数学家华罗庚就曾经证明:"几乎全体偶数都能表示为两个质数的和。"1956年和1957年,我国数学家王元相继证明了(3＋4)和(2＋3)。1962年,我国数学家潘承洞证明了(1＋5),同年,他又和王元一起证明了(1＋4)。

特别值得一提的是,在苏联数学家维诺格拉托夫证明了(1＋3)不到1年之后,1966年5月,我国数学家陈景润又更上一层楼,攻克了(1＋2),并于1972年做出了完整的表述,也就是:"任何一个足够大的偶数,都可以表示成两个数之和,而这两个数中的一个就是奇质数,另一个则是两个奇质数的积。"这个定理被世界数学界称为"陈氏定理"。这是目前世界上研究哥德巴赫猜想的最佳成果。

由于陈景润的贡献,人类距离哥德巴赫猜想的最后结果(1＋1)仅有一步之遥了。但为了实现这最后的一步,也许还要历经一个漫长的探索过程。有许多数学家认为,要想证明(1＋1),必须通过创造新的数学方法,以往的路很可能都是走不通的。

人们都说数论是数学的皇冠,而哥德巴赫猜想则是皇冠上的明珠! 究竟是谁能够摘取皇冠上的这颗明珠呢? 我们拭目以待!

三大几何难题

古希腊是世界数学史上浓墨重彩的一笔,希腊数学的成就是辉煌的,它为人类创造了巨大的精神财富。其中,几何是希腊数学研究的重心,柏拉图在他的柏拉图学院的大门上就写着"不懂几何的人,勿入此门"。历史上第一个公理化的演绎体系《几何原本》阐述的也基本上为几何内容。

古希腊的几何发展得如此繁荣,但有一个问题一直没有得到解决,那就是尺规作图三大难题:

化圆为方问题:作一个正方形,使它的面积等于已知圆的面积。

立方倍积问题:作一个立方体,使它的体积是已知立方体的体积的2倍。

三等分角问题:三等分一个任意角。

这3个问题首先是"巧辨学派"提出并且研究的。但看上去很简单的3个问题,却困扰了数学家们2000多年之久。

这些问题的难处,是作图只能用直尺和圆规这两种工具,其中直尺是指只能画直线,而没有刻度的尺。在欧几里得的《几何原本》中对作图做了规定,只有圆和直线才被承认是可几何作图的,因此在这本书的巨大影响下,尺规作图便成为希腊几何学的金科玉律。并且,古希腊人较重视规、矩在数学中训练思维和智力的作用,而忽视规、矩的实用价值。因此,古希腊人在作图中对规、矩的使用方法加以很多限制。

下面就来说说这3个几何难题的故事。

化圆为方

古希腊的时候,有一位学者,叫作安拉克萨哥拉,有一次,他提出:太阳是一个巨大的火球。这在现在看来,是符合客观事实的。然而在古希腊,大家都相信神话中的说法,即太阳是神灵阿波罗的化身。安拉克萨哥拉被判定为亵渎神灵,被判了死刑,投进了狱中。在等待执行死刑的日子里,安拉克萨哥拉仍然思考着关于宇宙和万物的问题,其中也包括数学问题。一天晚上,他看到圆圆的月亮,透过正方形的铁窗照进牢房,他心中一动,想:如果已知一个圆的面积,那么怎样用尺规做出一个方来,能使它的面积恰好等于这个圆的面积呢?

这个问题看似简单,然而却难住了安拉克萨哥拉。因为在古希腊,对作图工具进行了限制,那就是:作图时只准许使用圆规和没有刻度的直尺。安拉克萨哥拉在狱中苦苦思考这个问题,完全忘记了自己是一个待处决的犯人。后来,由于好朋友,当时杰出的政治家伯里克利的营救,安拉克萨哥拉获释出狱。然而这个问题,他自己没有能够解决,整个古希腊的数学家也没能解决,成为历史上有名的三大几何难题之一。

对如何化圆为方的问题,欧洲文艺复兴时期的大师达·芬奇曾经给出一个有趣的解答:

以已知圆为底,作一圆柱,使其高是底面半径 r 的一半,将圆柱滚动一周,产生一个矩形,其面积即为圆的面积。再将矩形化为等面积的正方形,问题就解决了。

当然,达·芬奇的方法已远远超出了尺规作图的限制。

立方倍积

立方倍积问题是古希腊的第二大几何难题。

古希腊有一座名叫第罗斯的岛。相传有一年,平静的爱琴海的第罗斯岛上,降临了一场大瘟疫。几天时间内,岛上的许多人就被瘟疫夺取了生命,惨不忍睹。幸存的人吓得战战兢兢,毫无办法,纷纷躲进圣庙,祈求神灵保佑自己和家人。人们的祈求声和哀号声并没有感动上苍,相反,瘟疫仍在蔓延,死去的人越来越多。他们不知什么事情触怒了神灵。心诚的人们日夜匍匐在神庙的祭坛前,请求神灵的宽容和饶恕。据说,神终于被感化了,并通过巫师传达了旨意:"第罗斯人要想活命,就必须建造一座新的立方祭坛,新祭坛的体积必须是原有立方祭坛的 2 倍。"活着的人好像得到了救命的灵丹妙药,马上就量好祭坛的高度,连夜请工匠把边长加大一倍的新祭坛造好了,送进了圣庙。

人们好像完成了一项光荣的使命,等待神的宽恕。然而,时间一天天过去了,瘟疫更加疯狂肆虐,人们的思想再次陷入极度的痛苦之中。在神坛前,人们说道:"尊敬的神啊,请你饶恕我们第罗斯人吧,我们已经按照你的旨意办了,将神坛加大了一倍……"后来,巫师再次传达了神的旨意,巫师冷冷地说:"你们没有满足神的要求,你们没有将祭坛加大一倍,而是加大了 7 倍,神灵将继续严惩你们……"

聪明的人们终于明白了其中的道理,他们只是将祭坛的边长加大了一倍,体积却变为原来的 8 倍!

那么,在原来的基础上如何将祭坛加大一倍呢?第罗斯人经过长时间的思考,无法解决,只好派人到首都雅典去请教当时最著名的学者柏拉图。

柏拉图经过长时间的思考,也无法解决,他说:"由于第罗斯人忽视数学,不敬几何学,神灵非常不满,才降临了这场灾难。"

这当然仅仅是传说而已。实际上,立方倍积问题的产生比传说要早,柏拉图以前的巧辩学派已致力于对它的研究,他们苦苦探求,却一无所成。如何用尺规来作一个立方体,使它的体积等于已知立方体体积的 2 倍,成为一个几何难题。

16 世纪,法国著名数学家韦达(F. Vieta, 1540—1603)曾给出如下一种"立方倍积"作图法:

设 AB 是一给定线段,作 $BM \perp AB$,$\angle MBN = 30°$,过 A 作直线,分别交 BM,BN 于点 C,D,并使 $CD = AB$,则 $AC^3 = 2AB^3$。

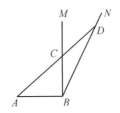

这个方法的证明要用到三角学中的正弦定理。

三等分角

古代三大几何难题的另一个问题是三等分角。关于它也有一个传说。

埃及的亚历山大城在公元前 4 世纪的时候是一座著名的繁荣都城。在城的近郊有一座圆形的别墅,里面住着一位公主。圆形别墅的中间有一条河,公主居住的屋子正好建在圆心处。别墅的南北墙各开了一个门,河上建有一座桥。桥的位置和北门、南门恰好在一条直线上。国王每天赐给公主的物品,从北门送进,先放到位于南门的仓库,然后公主再派人从南门取回居室。从北门到公主的屋子,和从北门到桥,两段路恰好是一样长。

公主还有一个妹妹小公主,国王也要为她修建一座别墅。而小公主提出,自己的别墅也要修得和姐姐的一模一样。小公主的别墅很快动工了。可是工匠们把南门建好后,要确定桥和北门的位置的时候,却发现了一个问题:怎样才能使北门到居室、北门到桥的距离一样远呢?

工匠们发现,最终要解决把一个角三等分这个问题。只要这个问题解决了,就能确定出桥和北门的位置。工匠们试图用直尺和圆规作图法定出桥的位置,可是很长时间他们都没有解决。不得已,他们只好去请教当时最著名的数学家阿基米德。

阿基米德看了这个问题,想了很久。他在直尺上做上了一个固定的标记,便轻松地解决了这一问题。所有工匠都为阿基米德的智慧所折服,不过阿基米德却说,这个问题没有被真正解决。因为一旦在直尺上做了标记,就等于是为它做了刻度,这在尺规作图法中是不允许的。

那么,只准用直尺与圆规,能不能将一个任意角3等分呢?

这个题目看上去也很容易,似乎与两等分角问题差不多,有不少人甚至不假思索就拿起了直尺与圆规……然而,人们磨秃了无数支笔,也始终画不出符合题意的图形来!阿基米德失败了。古希腊数学家全失败了。2000多年来,这个问题激励了一代又一代的数学家,成为一个举世闻名的数学难题。笛卡儿、牛顿等许许多多优秀的数学家,也都曾拿直尺圆规,用这个难题测试过自己的智力……无数的人都失败了。从初学几何的少年到天才的数学大师,谁也不能只用直尺和圆规将一个任意角三等分!

无数次的失败,使得后来的人们变得审慎起来。渐渐地,人们心中生发了一个巨大的问号:三等分一个任意角,是不是一定能用直尺与圆规作出来呢？如果这个题根本无法由尺规作出，硬要用尺规去尝试，岂不是白费气力？

数学家们开始了新的探索。因为，谁要是能从理论上予以证明：三等分任意角是无法由尺规作出的，那么，大家就不必再枉费心机了。

1837年，法国数学家闻脱兹尔宣布：只准用直尺与圆规，想三等分一个任意角是根本不可能的！这样，他率先走出了这座迷惑了无数人的数学迷宫，了结了这桩长达2000多年的数学悬案。

接着，1882年，德国数学家林德曼证明化圆为方问题也是不能用尺规作图解决的；1895年，德国数学家克莱因总结了前人的研究，给出三大问题不可能用尺规作图的简明证明，三大几何难题这才算彻底解决了。

证明三大几何问题不可解决的工具本质上不是几何的而是代数的，在代数还没有发展到一定水平时是不能解决这些问题的。一个纯几何问题，但最终却是用代数的方法来解决，这正是数形结合强有力的一个例子。

可尺规作图的数都是代数，即满足整系数（有理系数）多项式方程的实数。化圆为方问题相当于用尺规作出$\sqrt{\pi}$的值。1882年德国数学家林得曼证明了π是超越数，即不是任何整系数代数方程的根，从而证明了化圆为方的不可能性。

在三大几何问题的探索过程中，有数不胜数的数学家们前赴后继地为之努力，甚至为此耗费了一生的光阴。在其中，则有不同的表现。有的人坚信问题一定会有解决的方法，只是还没有找到这个方法而已。有的人则在解决问题的过程中灵活变通，巧妙地增加了一些条件，以此来帮助解答。例如阿基米德在直尺上注明了一个点，解决了三等分角问题；柏拉图用了两块三角板解决了立方倍积问题……正是在研究这些问题的过程中促进了数学的发展。2000多年来，三大几何难题引起了许多数学家的兴趣，对它们的深入研究，不但给希腊几何学带来了巨大影响，而且引出了大量的新发现。例如，许多二次曲线、三次曲线以及几种超越曲线的发现，后来又有关于有理数域、代数数与超越数、群论等的发展。在化圆为方的研究中，几乎从一开始就促进了穷竭法的发展，而穷竭法正是微积分的先导。

　　遗憾的是，时至今日，三大几何问题可以说是已彻底解决，但还是有些人，他们不看这些证明，想独步古今中外，压倒所有前人的工作。他们宣称自己已经解决了三大问题中的某一个，但其实他们并不了解问题不可解的道理，并不是所有的问题都是可以解决的，困难和不可能之间也并不是等同的。在事实真理面前，不能忽视真相，盲目地探索研究，否则只是做无用功，白白虚度了光阴。更全面、更深刻地了解数学，总结经验教训，探索发展规律，这才是我们学习数学史的目的，也能帮助我们更好地研究数学。

　　古希腊的三大几何难题，是数学史上璀璨的一笔，在整个数学史上很难找到和这3个问题一样具有经久不衰的魅力的问题。其魅力不仅仅是体现在其问题本身，更多的是数学家们的不懈努力，希腊人的巧思，阿拉伯人的学识，西方文艺复兴时期大师们的睿智以及最终19世纪的完美解答，正是有他们一代又一代的持之以恒，有他们后浪推前浪的探索研究，才会有绚丽多彩的数学史，才会有数学的蓬勃发展。

拓展思维：

　　1. 如何把任意长方形通过尺规作图化为面积相等的正方形？

　　2. 阿基米德三等分角方法：设所要三等分的角为$\angle POK$，取一直尺,记尺头为点 A,另在直尺上取一点 B,以 O 为圆心,AB 长为半径作圆弧,交 $\angle POK$ 两边于 P,K 两点,让尺头 A 点在 OP 的反向延长线上移动,标记 B 点在圆弧上滑动,当直尺刚好通过 K 点,即 A,B,K 在一条直线上时,$\angle PAK$ 即为 $\angle POK$ 的三分之一。试证明这个结论。

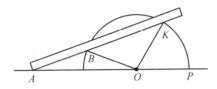

3.证明韦达的立方倍积作图方法的正确性。

古典数学名题

通观中国数学史和世界数学史,其中流传着很多有趣的题目,堪称一个数学宝库,我们可以从中汲取丰富的营养。同学们在数学教材和试题中,也经常可以见到这些广为流传的古典名题的身影。下面给大家介绍几个比较经典的例子。

莱因特纸草书

1858 年,一个叫莱因特的英国人得到了一部古代手稿。这部手稿出土于古埃及首都的废墟里,用古埃及文写成。后来人们通过在尼罗河西岸发现的石碑,才解开了这份手稿的秘密,书的全名是《阐明对象中一切黑暗的、秘密事物的指南》,内容为各类数学难题,作者为古埃及僧人阿默士。它是一份数学文献,是目前世界上能够见到的最古老的数学书,距今约 5000 年。为了纪念发现者,后来这本书被称为《莱因特纸草书》。

书中记述有数学符号,说明当时的古埃及人已能娴熟地运用数学符号,而同时代的古人类们还没发明文字呢,让今天的我们不得不感叹古埃及人的智慧。

书中共记载了 85 个数学问题,其中,最有名的是第 79 题。在书上这个题目的位置上,作者画了一个台阶,台阶旁依次写着 7、49、343、2401 和 16807 这 5 个数,然后在这些数的旁边依次写着人、猫、老鼠、大麦、量器等字样,除此之外就没有别的什么东西了。那么这个题目究竟是什么意思呢? 这成了一个有趣的谜。

数学史学家康托尔猜出了这个谜,他认为题目的意思是:"有7个人,每个人养着7只猫,每只猫吃7只老鼠,每只老鼠吃7棵麦穗,每棵麦穗可以长成7个量器的大麦,问各有多少?"经他这么一解释,书中给出的那5个数就正好成了题目的答案。

有趣的是,在《莱因特纸草书》出土之前600多年,有位叫斐波那契的意大利数学家,曾编了一道与这题非常相似的数学题:"7位老太太一起到罗马去,每人有7匹骡子,每匹骡子驮7个口袋,每个口袋盛7个面包,每个面包配有7把小刀,每把小刀有7个刀鞘。问各有多少?"

更有趣的是,比斐波那契还早几百年,我国古代书籍里也记载了一道很相似的数学题:"今有出门望有九堤,堤有九木,木有九枝,枝有九巢,巢有九禽,禽有九雏,雏有九毛,毛有九色。问各几何?"

另外,俄罗斯民间流传着一首歌谣:"路上走着7个老汉,每人手里拿着7根竹竿,每根竹竿上有7个枝丫,每个枝丫上挂着7只竹篮,每只竹篮里有7个竹笼,每个竹笼里有7只麻雀。总共有多少只麻雀?"

在不同的民族,不同的地区,不同的时间里,竟流传着同样一个数学问题,这也算是一个有趣的数学之谜。

鸡兔同笼

你一定听说过"鸡兔同笼"的问题吧,这个问题,是我国古代著名趣题之一。大约在1500年前,《孙子算经》中就记载了这个有趣的问题。书中是这样叙述的:"今有鸡兔同笼,上有三十五头,下有九十四足,问鸡兔各几何?"这四句话的意思是:有若干只鸡兔同在一个笼子里,从上面数,有35个头;从下面数,有94只脚。问笼中各有几只鸡和兔？

你会解答这个问题吗？你想知道《孙子算经》中是如何解答这个问题的吗？

解答思路是这样的：假如砍去每只鸡、每只兔一半的脚，则每只鸡就变成了"独脚鸡"，每只兔就变成了"双脚兔"。这样，鸡和兔的脚的总数就由94只变成了47只，而每只兔子都使脚的数量比头的数量多1。因此，脚的总只数47与总头数35的差，就是兔子的只数，即47－35＝12（只）。显然，鸡的只数就是35－12＝23（只）了。

这一思路新颖而奇特，其"砍足法"也令古今中外数学家赞叹不已。这种思维方法叫化归法。化归法就是在解决问题时，先不对问题采取直接的分析，而是将题中的条件或问题进行变形，使之转化为一个比较容易的问题，直到最终解决问题。

我们还可以这样解：如果我们把鸡的翅膀也算作脚，于是鸡也有4只脚，那35个动物里面应该有140只脚，但实际上只有94只脚，所以有140－94＝46是鸡的翅膀，所以就知道鸡有46÷2＝23（只），于是兔子的数量就是35－23＝12（只）。

我们不妨把这种方法称为"添足法"。

再给出一个好玩的解法。

你想象这样一个场景：一只笼子里关着兔子和鸡共35只，你站在这个笼子前面，一声令下，所有的动物都抬起一只脚，这个时候还有多少只脚站着？94－35＝59（只），还有59只脚站着；你再一声令下，所有动物又都抬起另一只脚，这时候还有59－35＝24只脚站着，但是鸡已经一屁股坐地上了，那站着的就全是兔子了，这24只脚全是兔子的，所以兔子12只，鸡就是35－12＝23（只）。

你可以充分发挥你的想象力，想出更多的解法。

狗跑与兔跳

行程问题是中小学里常见的一类数学应用题,也是一类很古老的数学问题。在我国古代数学名著《九章算术》里,收集了很多这方面的题目,如书中第 6 章第 14 题:"狗追兔子。兔子先跑 100 步,狗只追了 250 步便停了下来,这时它离兔子只有 30 步的距离了。问如果狗不停下来,还要跑多少步才能追上兔子?

这道追及问题编得很有趣,它没有直接告诉狗与兔的"速度差",反而节外生枝地让狗在追及过程中停了下来,数量关系显得扑朔迷离。2000 年前,我们的祖先解决这类问题已经很有经验了,所以书中只是简单地说,用(250×30)作除数,用(100−30)作被除数,即可算出题目的答案。

显然,这里的"步"应理解为路程单位,例如"m"。可以这样思考:狗跑了 250m 追上了 100−30=70(m),那么,为了再追上 30m,按照比例,狗还要再跑(250/70)×30(m)。

世界各国人民都很喜爱解答这类问题,一本公元 8 世纪时在欧洲很流行的习题集中,也记载了一个狗与兔的追及问题:"狗追兔子,兔子在狗前面 100 英尺。兔子跑 7 英尺的时间狗可以跑 9 英尺,问狗跑完多少英尺才能追上兔子?"

相传俄国女数学家科瓦列夫斯卡娅还在童年时,就算出了一道有关兔跳的趣味算题:"一对兔兄弟进行跳跃比赛,兔弟弟说:应该让我先跳 10 次,兔哥哥才可以起跳。如果兔弟弟跳 4 次的时间兔哥哥能跳 3 次,兔哥哥跳 5 次的距离与兔弟弟跳 7 次的距离同样远,问兔哥哥要跳多少次才能追上呢?"

婆什迦罗的妙算

婆什迦罗是12世纪印度最著名的数学家,他编的许多数学题被人称作"印度问题",在很多国家广泛流传,如:"某人对他的朋友说:'如果你给我100枚铜币,我的钱将是你的2倍。'朋友回答说:'你只要给我10枚铜币,那我的钱将是你的6倍。'问两人各有多少铜币?"就是其中一道著名的数学题。

婆什迦罗发现了一种很巧妙的算法:设朋友拿出100枚铜币后还有 x 枚,则原来他有 $(x+100)$ 枚,而某人原来有 $(2x-100)$ 枚,所以,如果某人给朋友10枚铜币后,他朋友的钱将是他的6倍,则有 $6(2x-110)=x+110$,解之得 $x=70$,即两人分别有40和170枚铜币。

我国古代数学著作《张邱建算经》里有一个类似的题目:"有甲、乙两人携钱各不知其数,若乙给甲十钱,则甲比乙所多的是乙余数的5倍;若甲给乙十钱,则两人钱数相等。问甲、乙各有多少钱?"

更早些,《希腊文集》里已有了著名的"欧几里得问题"的记载:"驴子和骡子驮着货物并排走在大路上,驴子不住地抱怨驮的货物太重,压得受不了。骡子对它说:'你发什么牢骚啊!我驮的比你更重。如果你给我1口袋,我驮的货物就是你的2倍;而我给你1口袋,咱俩才刚好一般多。'问驴子和骡子各驮了几口袋货物?"

牛顿问题

著名数学家牛顿在其著作《普遍的算术》(1707年出版)中编了这样一道题:"12头公牛在4周内吃掉了3又1/3由格尔的牧草;21头公牛在9周内吃掉10由格尔的牧草,问多少头公牛在18

周内吃掉 24 由格尔的牧草?"(由格尔是古罗马的面积单位,1 由格尔约等于 2500m^2)。

这个著名的公牛吃草问题一般被称为"牛顿问题"或"牛吃草问题"。

牛顿的解法是这样的:在牧草不生长的条件下,如果 12 头公牛在 4 周内吃掉 3 又 1/3 由格尔的牧草,则按比例,36 头公牛 4 周内,或 16 头公牛 9 周内,或 8 头公牛 18 周内吃掉 10 由格尔的牧草,由于牧草在生长,所以 21 头公牛 9 周只吃掉 10 由格尔牧草,即在随后的 5 周内,在 10 由格尔的草地上新长的牧草足够 $21-16$ $=5$ 头公牛吃 9 周,或足够 5/2 头公牛吃 18 周,由此推得,14 周(即 18 周减去 4 周)内新长的牧草可供 7 头公牛吃 18 周,因为 $5:$ $14=5/2:7$。前已算出,如牧草不长,则 10 由格尔草地牧草可供 8 头公牛吃 18 周,现考虑牧草生长,故应加上 7 头,即 10 由格尔草地的牧草实际可供 15 头公牛吃 18 周,由此按比例可算出,24 由格尔草地的牧草实际可供 36 头公牛吃 18 周。

上面的算术解法稍嫌啰嗦,牛顿还提供了下面的代数解法。

设 1 由格尔草地一周内新长的牧草相当于面积为 y 由格尔的牧草,由于把每头公牛每周所吃牧草所占的面积看成是相等的,根据题意,若设所求的公牛头数为 x,则为

$$\frac{\frac{10}{3}+\frac{10}{3}\times 4y}{12\times 4}=\frac{10+10\times 9y}{21\times 9}=\frac{24+24\times 18y}{18x}$$

解得 $y=\dfrac{1}{12}$,$x=36$。

即 36 头公牛在 18 周内吃掉 24 由格尔的牧草。

牛顿问题的难点在于草每天都在不断生长,草的数量都在不断变化。解答这类题目的关键是想办法从变化中找出不变量,我

们可以把总草量看成两部分的和,即原有的草量加新长的草量。显而易见,原有的草量是一定的,新长的草量虽然在变,但如果是匀速生长,我们也能找到另一个不变量——每周新长出的草的数量。

与"牛顿问题"类似的问题是非常多的,下面再举一例。

自动扶梯以均匀速度由下往上行驶着,两位性急的孩子要从扶梯上楼。已知男孩每分钟走 20 级台阶,女孩每分钟走 15 级台阶,结果男孩用 5 分钟到达楼上,女孩用了 6 分钟到达楼上。问:该扶梯共有多少级台阶?

与"牛顿问题"比较,"总的草量"变成了"扶梯的台阶总数","草"变成了"台阶","牛"变成了"速度",也可以看成是牛吃草问题。

上楼的速度可以分为两部分:一部分是男孩和女孩自己的速度,另一部分是自动扶梯的速度。男孩 5 分钟走了 $20 \times 5 = 100$(级),女孩 6 分钟走了 $15 \times 6 = 90$(级),女孩比男孩少走了 $100 - 90 = 10$(级),多用了 $6 - 5 = 1$(分钟),说明电梯 1 分钟走 10 级。因男孩 5 分钟到达楼上,他上楼的速度是自己的速度与扶梯的速度之和。所以,扶梯共有 $(20 + 10) \times 5 = 150$(级)。

拓展思维:

1. 一片青草地,每天都匀速长出青草,这片青草可供 27 头牛吃 6 周或 23 头牛吃 9 周,那么这片草地可供 21 头牛吃几周?

2. 一只船有一个漏洞,水以均匀的速度进入船内,发现漏洞时已经进了一些水。如果用 12 个人舀水,3 小时舀完。如果只有 5 个人舀水,要 10 小时才能舀完。现在要想 2 小时舀完,需要多少人?

3.某车站在检票前已经有些人开始排队,且不断有人前来,每分钟新增旅客人数一样多。从开始检票到等候检票的队伍消失,同时开 4 个检票口需 30 分钟,同时开 5 个检票口需 20 分钟,如果同时开 7 个检票口,那么需多少分钟?

列夫·托尔斯泰的数学问题

列夫·托尔斯泰是俄国的大文豪,他在文学上的成就世人皆知,写出了《战争与和平》《安娜·卡列妮娜》《复活》等世界名著。有趣的是他对数学也颇有研究,是一个不折不扣的数学爱好者,他提出并解答的一些数学问题至今仍为人们津津乐道。以下是一个流传较广的题目。

"一些割草人在两块草地上割草,大草地的面积比小草地大一倍,上午,全体割草人都在大草地上割草,下午他们对半分开,一半人留在大草地上,到傍晚时把剩下的草割完,另一半人到小草地上割草,到傍晚还剩下一小块没割完,这一小块第二天由一个割草人割完,假定每半天劳动时间相等,每个割草人工作效率相等,问共有多少割草人?"

托尔斯泰给出如下的算术解法:

大草地上,因为全体割了一上午,一半人又割了一下午才割完,所以把大草地面积看作 1,一半人半天时间割草面积为 1/3,在小草地上另一半人曾工作了一个下午,这样他们在半天时间的割草面积也是 1/3,则第一天割草总面积为 4/3,剩下面积应为小草地面积 1/2 减去 1/3,剩 1/6,这一小块第二天由 1 人割完,说明每人每天割草 1/6,则(4/3)÷(1/6)=8(人)。

有能力的同学可以试着给出这道题的代数解法。

托尔斯泰还曾设计过这样一道数学题:从前有个农夫死后留

下一些牛。他在遗书中写道："分给妻子全部牛的一半再加半头，分给长子剩下的一半再加半头，分给次子的是长子分剩下的一半再加半头，分给女儿最后剩下的一半再加半头。"结果一头牛也没有剩且正好全部分完。问：农夫留下了多少头牛？

　　这是一道数学名题，曾引起广大数学爱好者的浓厚兴趣。据说大文学家托尔斯泰给出的解答思路是数学解题中非常典型的逆推法。具体解法是：由女儿最后分得"一半再加半头后正好全部分完"，可判断前面的次子剩下的奇数只能是1，道理很简单，因为所有奇数中只有最小的1才符合这个要求，即1的一半加0.5还等于1。弄清了最后一个剩下的数是1，就能很方便地依次向前逆推，可知前三个剩下的奇数分别为 $(1+0.5)\times2=3,(3+0.5)\times2=7,(7+0.5)\times2=15$。亦即分给妻子的牛数为8头，分给长子的牛数为4头，分给次子的牛数为2头，分给女儿的牛数为1头，农夫留下的牛数为 $8+4+2+1=15$(头)。

　　此题充分说明用逆向思维解数学题的优势。

　　托尔斯泰不仅数学素养颇高，还喜欢将数学问题融入文学创作。他写过一篇题为《一个人需要很多土地吗?》的小说，在小说中，托尔斯泰巧妙地运用数学知识，对贪婪的主人公进行了绝妙的讽刺。读到最后，还能感受到一丝悲剧的氛围。

　　小说的主人公叫巴霍姆，他遇到一个奇特的卖地者：不论是谁，只要交1000卢布，就可以在草原上，从日出出发，走到太阳落山，只要在日落前回到出发点，那么他走过路线所围住的土地，就都属于他；但是如果日落时没能赶回到出发点，那么他一点土地也得不到，1000卢布就白扔了。

　　巴霍姆交了1000卢布以后，天一亮就开始大步地走。他先沿一条直线走了10俄里(1俄里约等于1.0668km)，然后左拐弯

90°，又走了相当一段距离，接下来再次向左拐弯 90°，又走了 2 俄里，这时他发现天色已经不早，于是向着出发点狂奔起来，跑了 15 俄里之后，他终于赶在日落时刻一脚踩上了出发点，但这时巴霍姆两腿一软，栽倒在地，口吐鲜血，一命呜呼了。

小说实际上出了一道并不难的几何题：巴霍姆走的路线构成了一个上底为 2、下底为 10、斜腰为 15（单位均为俄里）的直角梯形，这个梯形的周长是多少？面积又是多大呢？学过勾股定理的读者应该会算梯形的高和面积。结果是：如果巴霍姆活着，他可以得到约 86.72 km²（约合 13 万亩）的土地！而实际上他什么也没有得到，还误了卿卿性命，这就是贪婪者的下场。

有趣的是，如果我们计算一下这个直角梯形的周长，会得到 39.688 俄里的结果，而按照俄里与公里的换算比率，这个距离为 42.34 km，接近一个马拉松的距离（马拉松的距离为 42.195 km）！

当年古希腊那个士兵在他们战胜波斯帝国的军队以后，从马拉松平原跑回雅典报捷，喊了一声"我们胜利了！"然后就倒地累死了，现在巴霍姆也是跑了这样一个距离后累死。文学大师的巧妙构思可见一斑。

如果你是一个爱动脑筋的读者，可能会想到，如果巴霍姆不跑这个直角梯形，而是走别的什么路线，应该可以少走很多路而同样得到这么大片的土地，就不至于累死。是的，同样的面积，用什么图形圈住，可以周长最小？可以证明，如果限定用四边形来围，则用正方形来围周长最短；如果不限形状，则用圆来围周长最短。

如果巴霍姆走的是一个圆，那么圈住 13 万亩土地就只需走 33 km 左右，少走 9km，他应该不会累死。看来，不懂数学害死人啊！

拓展思维：

托尔斯泰喜欢做的一道题是"流水问题"：木桶上方有两个水管。若单独打开其中一个，则 24 分钟可以注满水桶；若单独打开另一个，则 15 分钟可以注满水桶。水桶底部还有一个小孔，水可以从孔中往外流，一满桶水用 2 小时流完。如果同时打开两个水管，水从小孔中也同时流出，那么经过多长时间水桶才能注满？

数学趣题

数学趣题的"趣",一般都表现得比较含蓄、比较深邃、比较高雅,不是那种肤浅、幼稚,画上大花脸就算有趣的。看了下面这几个故事,你也许会说,数学真好玩!

楼号和根号

周二下午,是例行的数学教研室开会时间,会议冗长而乏味,章老师正感到有点无聊,忽然,后排的刘老师递过来一张纸条,上面写着:你家住在几号楼? 章老师正要往纸条上写楼号,忽然看见邻座的宋老师投来好奇的眼光,就在纸条上飞快地写下了一道长长的算式,看得宋老师莫名其妙,而刘老师看了纸条后却点头微笑。

章老师在纸条上写的是这样一道算式:

$$\sqrt[3]{x + \frac{x+8}{3}\sqrt{\frac{x-1}{3}}} + \sqrt[3]{x - \frac{x+8}{3}\sqrt{\frac{x-1}{3}}}$$

宋老师想,那边问的是楼号,这边答的却是一道长长的式子,里面有大大小小 4 个根号,问楼号,答根号,答非所问,恐怕是两个人吃饱了没事干,互相开玩笑。

但刘老师看了后为什么要点头微笑呢? 莫非他明白了对方的什么意思?

那么,这个包含 4 个根号的式子究竟传递了什么信息呢? 让我们来尝试解开这个谜。

一个含有变量 x 的代数式,一般随着取值的不同,代数式的值也相应地改变。

先取最简单的,$x=1$,得原式 $=\sqrt[3]{1+0}+\sqrt[3]{1-0}=2$,这时代数式的值为 2,看来章老师可能住在 2 号楼!

且慢! 光凭这个特例就下结论,未免过于草率。如果让 x 取其他值,也许算式的值会变成 3 或者 4,甚至变成无理数?

再试试,取 $x=4$,则

$$原式=\sqrt[3]{4+\frac{12}{3}\sqrt{\frac{3}{3}}}+\sqrt[3]{4-\frac{12}{3}\sqrt{\frac{3}{3}}}=\sqrt[3]{8}=2,$$

结果还是 2,看来章老师大概真的住在 2 号楼!

还不放心,再取 $x=13$,则

$$原式=\sqrt[3]{13+\frac{21}{3}\sqrt{\frac{12}{3}}}+\sqrt[3]{13-\frac{21}{3}\sqrt{\frac{12}{3}}}=\sqrt[3]{27}+\sqrt[3]{-1}=2,$$

巧得很,又等于 2! 章老师肯定住在 2 号楼!

肯定? 才试验了 3 个特殊的值,就能肯定?

再取一个值试试,比方说,取 $x=2$,则

$$原式=\sqrt[3]{2+\frac{10}{3}\sqrt{\frac{1}{3}}}+\sqrt[3]{2-\frac{10}{3}\sqrt{\frac{1}{3}}},$$

这个数怎么看也不像 2 啊? 倒更像是个无理数,难道楼号能是无理数吗?

若要肯定章老师住在 2 号楼,除非从理论上证明,原式的值恒等于 2,与式中的字母 x 无关。

对呀,可以大胆地猜想:原式恒等于 2。这个猜想对不对呢?

先将原式换元,减少一重根号,令 $y=\sqrt{\dfrac{x-1}{3}}$,则

$$x=3y^2+1,\ \frac{x+8}{3}=y^2+3,$$

代入原式,得

$$原式=\sqrt[3]{(3y^2+1)+(y^2+3)\cdot y}+\sqrt[3]{(3y^2+1)-(y^2+3)\cdot y}$$
$$=\sqrt[3]{y^3+3y^2+3y+1}+\sqrt[3]{-(y^3-3y^2+3y-1)}$$
$$=\sqrt[3]{(y+1)^3}+\sqrt[3]{(1-y)^3}=(y+1)+(1-y)=2$$

果然,原式的值确实与 x 无关,恒等于 2!

自循环数

81 这个数有一个奇妙的性质:它的两个数位上的数 8 和 1 之和的平方恰好等于自己:

$$81=(8+1)^2,$$

在这里,从 81 到 8+1,平方后又回到 81,形成一个循环。

可以证明,有且只有一个三位数 512,等于它各位数字之和的立方,推导如下:

4 的三次方是 64,不到三位数

5 的三次方是 125,不符合题意

6 的三次方是 216,不符合题意

7 的三次方是 343,不符合题意

8 的三次方是 512,符合题意

9 的三次方是 243,不符合题意

10 的三次方是 1000,超过了三位数

所以这个三位数是 512,即

$$512=(5+1+2)^3$$

类似地,有且只有一个四位数 2401,等于它自己各位数字之和的四次方,推导如下:

5 的四次方是 625,不到四位数

6 的四次方是 1296，不符合题意

7 的四次方是 2401，符合题意

8 的四次方是 4096，不符合题意

9 的四次方是 6561，不符合题意

10 的四次方是 10000，超过了四位数

所以这个四位数是 2401，即

$$2401=(2+4+0+1)^4$$

需要指出的是，这里说的自循环数与第一册中提到的"自幂数"不是一码事，不能混淆。

拓展思维：

是否存在一个五位数，等于它自己各位数字之和的五次方呢？是否存在更多位数的自循环数？可以编个小程序，在计算机上试试看。

"四四呈奇"问题

"四四呈奇"是历史上有名的数学趣题：用加、减、乘、除、括号、小数点、循环节、根号、阶乘以及数字并列等符号，连接四个 4，可以组成从 1 到 100 以内的各个自然数。中、外数学名家都曾加以研究，其中有英国剑桥大学的罗鲍尔教授，美国数学科普大师马丁·加德纳先生，苏联数学家柯尔詹姆斯基，扬州中学数学老师陈怀书先生，东北工业大学姜长英教授，著名数学教育家许莼舫先生，等等。

先把游戏规则再明确一下：数字只能用 4，要用 4 次，而且只能用 4 次，要得出尽可能多的正整数。此外，只能使用纯粹的数学符号，总之，条件规定得尽量苛刻，多了不行，少了也不行。当然，

必须要说清楚,所谓"纯粹的数学符号"究竟是指什么。传统上,加、减、乘、除等四则运算符号与开平方的根号(只要是有限次,必要时可以任意反复使用)、括弧、小数点以及阶乘符号(n 的阶乘记为 $n!$,表示 $1×2×3×\cdots×n$)都可以使用。把数字拼在一起也可以认为是一种"运算",例如可以用两个 4 拼出 44,三个 4 拼出 444,依次类推。把小数点放在数字的上面也是准许的,例如 $\overset{.}{4}$,表示无限循环小数 $0.444\cdots$,也就是分数 $4/9$。

下面给出表示 1~12 的一些方法。

马丁•加德纳的方法:

$\dfrac{44}{44}=1$	$2=\dfrac{4}{4}+\dfrac{4}{4}$	$3=\dfrac{4+4+4}{4}$	$4=4×(4-4)+4$
$5=\dfrac{(4×4)+4}{4}$	$6=4+\dfrac{4+4}{4}$	$7=\dfrac{44}{4}-4$	$8=4+4+4-4$
$9=4+4+\dfrac{4}{4}$	$10=\dfrac{44-4}{4}$	$11=\dfrac{44}{\sqrt{4}+\sqrt{4}}$	$12=\dfrac{44+4}{4}$

许莼舫先生的方法:

$(\dfrac{4}{4})^{4-4}=1$	$\dfrac{4!}{\sqrt{4}}\div\dfrac{4!}{4}=2$	$\dfrac{4!}{\sqrt{4}}\div\dfrac{4!}{\sqrt{4}}=3$	$\sqrt{4}+4!\div\dfrac{4!}{\sqrt{4}}=4$
$\dfrac{\sqrt{4}}{4}×\dfrac{4}{4}=5$	$\dfrac{4!}{4}\div\dfrac{4}{4}=6$	$\dfrac{4!+4}{\sqrt{4×4}}=7$	$\dfrac{\sqrt{4}}{4}+\sqrt{\dfrac{4!}{4}}=8$
$\dfrac{4!}{\sqrt{4}}-\sqrt{\dfrac{4}{4}}=9$	$\dfrac{4}{4}+\dfrac{4}{4}=10$	$\dfrac{4!}{4}+\dfrac{\sqrt{4}}{4}=11$	$(4+\sqrt{4})(4-\sqrt{4})=12$

亲爱的同学,你一定还能给出更多的方法,那就和同学比赛一下,看谁的方法多。

拓展思维：

马丁·加德纳曾在《科学美国人》数学游戏专栏内，出过一道怪题："怎样用四个 4 来表示 113 呢？"许多人都被他考住了，能找出正确答案者寥寥无几。你能想出方法吗？

英语数词与数字

有位数学家兼语言学家，是已故"中国语言学之父"赵元任先生的弟子。有一天他突发奇想，有没有可能存在下列等式：

$O+N+E=1$

$T+W+O=2$

$T+H+R+E+E=3$

其中等式左端的那些字母，可以取某些特定的数值，能使这些等式都成立。

为了方便起见，我们不妨限定这些字母都取整数值，于是，从方程 $O+N+E=1$ 中可以看出，有些字母是必须取负整数的。另外，不同的字母理应取不同的数值，这也是理所当然的。

这件事情说说容易，实际做起来是极其困难的——计算量大得惊人。然而，仍然有一些发烧友乐此不疲，居然找到了一个相当不错的答案，如下表：

$E=3$，　　$F=9$，　　$G=6$，　　$H=1$，

$I=-4$，　　$L=0$，　　$N=5$，　　$O=-7$，

$R=-6$，　　$S=-1$，　　$T=2$，　　$U=8$，

$V=-3$，　　$W=7$，　　$X=11$，　　$Z=10$。

这么一来，从 0～12 的 13 个英语数字都有了完全正确的等式，好比是"双保险"一样。下面不妨随便找几个例子来验证一下：

$ZERO$：$10+3+(-6)+(-7)=0$

$SEVEN$：$-1+3+(-3)+3+5=7$

$EIGHT$：$3+(-4)+6+1+2=8$

这种研究还可以推广到法语和德语,而且效果比英语还要好得多,覆盖面更广。不过,意大利语、俄语、西班牙语等尚未取得成果,要想搞出些名堂,并不是轻而易举的。

完全平方数问题

可以证明,用一位以上的清一色数字,组成一个完全平方数是不可能的,例如,11…11,从两位开始,不论多少位,都不行。证明如下：

如果一个数为偶数 $2n$,则它的平方为 $4n^2$,能被 4 整除；

如果一个数为奇数 $2n+1$,则它的平方为 $4n^2+4n+1$,那么除以 4 以后余 1；

也就是说,任何一个自然数的平方,要么是 4 的倍数,要么除以 4 以后余 1,

而形如 11…11 的数,无论多少位,除以 4 以后总是余 3,所以它们不可能是某个自然数的平方。

那么,有没有由两个数字组成的、位数较多的完全平方数的"双拼数"存在呢？

在一本外文书的"悬赏征解"中,有这么一道有趣的题：$(?xyx9)^2=yyyxyyxxyx$,你会解吗？

第一步,先用"尾数法",由左边的末位数字 9,立刻知道右边的末位数字是 1,所以得到 $x=1$；

第二步,将 $x=1$ 反馈到左边,还是用"尾数法",最后两位是 19,$19^2=361$,所以右边最后两位应该是 61,于是得到 $y=6$；

第三步,再将 $y=6$ 反馈到左边,由于 $8^2=64<66$,就可以猜到,"?"代表的数字应该是8,验证一下,$(81619)^2=6661661161$,解题完毕。

在国内,很多书上把这个题目改为:"我学数学乐×我学数学乐=数数数学数数学学数学",其中"我、学、数、乐"分别代表4个不同的数字,如果"乐"代表9,那么"我数学"代表的三位数是多少? 答案是861。

上面这个题比较容易解,是因为用了"尾数法",如果题目改为:$(8xyx?)^2=yyyxyyxxyx$,你还会解吗?

拓展思维:

1. 如果一个至少两位的自然数的所有数字都相同,则不可能是完全平方数。

2. 设 $(8xyx?)^2=yyyxyyxxyx$,其中 $x,y,?$ 代表不同的自然数,试确定它们的值。

分椰子

有一道世界有名的趣味数学题:因船触礁沉没,5个水手和1只猴子漂流到一个荒无人烟的荒岛上,发现那里有很大一堆椰子。可是他们都太累了,就一起商量先睡一觉,等睡醒后大家再一起平分了那堆椰子。不久,有一名水手先醒了,他想反正大家要平分的,就把椰子平均分成5堆,结果多出1只椰子,就把它丢给猴子吃了,自己藏起一堆,又重新睡下了。隔了一会,又一名水手醒了,和第一名水手一样,把剩下来的椰子重新分成5堆,正好也多出1只椰子,又把它赏给了猴子,自己藏起一堆以后又去睡了。接着,

神奇的数学

第三、第四和第五个人也各自把这出戏重演了一番。不久,天亮了,大家都睡醒了。发现剩下的椰子已经不多了,水手们都心里有数,谁也不说,但为了表示公平起见,又把剩下的椰子重新等分成5堆,5名水手各取一堆。这时,说也奇怪,正好又多出1只椰子,就把它丢给了早已饱尝甜头的猴子。

亲爱的读者,你能算出原先一共有多少只椰子吗?

此题与著名的"韩信点兵"一样,存在着无穷多个解,现在来求最小正整数解。这类问题一般都是如此。

设 n 是最初的椰子数,a,b,c,d,e,f 分别是每次分配时一堆的椰子数,则有

$$\begin{cases} n=5a+1 \\ 4a=5b+1 \\ 4b=5c+1 \\ 4c=5d+1 \\ 4d=5e+1 \\ 4e=5f+1 \end{cases}$$

化简后得到 $1024n=15625f+11529$。

这是一个不定方程,有很多解法,但都比较复杂繁难。下面提供一个解法。

由上式可知,$15625f+11529$ 应能被 1024 整除,11529 除以 1024 余 265,15625 除以 1024 余 265,问题等价于 $265f+265$ 被 1024 整除,由于 265 与 1024 互质,那么 $f+1$ 一定要被 1024 整除,所以 f 最小要取 1023。

所以椰子数最少为 $(15625 \times 1023 + 11529)/1024 = 15621$(只)。

伟大的数理逻辑学家怀德海教授却用了一个异乎寻常的解

法,既迅速、又正确地将椰子数求出来了。他先请负整数来"客串"帮忙,等求出特解以后,再"让位"给正整数。

注意到$-15625+11529=-4096$,恰好是 1024 的倍数,令 $f=-1$,方程变为 $1024n=-4096$,解得 $n=-4$。

由于 n 曾被连续 6 次分成 5 堆,因此如果某数是该方程的一个解时,则把它加上 $5^6(=15625)$ 以后,应该仍是方程的解。

既然 $n=-4$ 是这个不定方程的一个"特解",则 $(-4)+5^6$ 仍是该方程的解,于是马上求出了本问题中的椰子数最少是

$(-4)+15625=15621$(只)

怀德海自己说,他是通过下面这种传奇式的想法"领悟"出(-4)是不定方程的一个"特解"的:

假定一开始有(-4)只椰子,则在其中"硬拿"出 1 只来给猴子吃,则剩下(-5)只椰子,分成 5 堆后,每堆有(-1)只椰子,私自藏起一堆后,剩下(-4)只椰子,刚好回到了没有分以前的情况。照这样的分法,无论分多少次,都是(-4)只椰子。所以,(-4)就是一个神奇的答数!

按常理说,椰子数为"负数"是没有实际意义的,但从"纯"数学的观点看,却能满足题中的分配方法。犹如物理学中的"负质量"和"虚功"一样,在解决繁难问题时往往有意想不到的作用。

旅行者走了多少路程

英国剑桥大学数学教师刘易斯·卡洛曾写过一本有趣的数学通俗读物《乱纷纷的结》,里面收集了许多题目,其中有这样一个题:

一位旅行者从下午 3 点步行到晚上 8 点,他先走的是平路,然后爬山,到了山顶之后就循原路下山,再走平路,回到出发点。已

知他在平路上每小时走 4 英里,上山时每小时走 3 英里,下山时每小时走 6 英里。请问这位旅客一共走了多少路程?

有人认为这个题目是缺少条件的,做不出来。然而作者还是把它解决了。

作者的解法是这样的:

设 x 为旅行者走过的全部路程,y 为他上坡(或下坡)走过的路程。整个行程可分为 4 段:走平路、上坡、下坡、再走平路。容易看出:他来回走平路所花的时间都是 $\dfrac{\frac{x}{2}-y}{4}$,上坡所花时间是 $\dfrac{y}{3}$,下坡所花时间是 $\dfrac{y}{6}$,根据题意可列出方程:

$$\dfrac{\frac{x}{2}-y}{4}\times 2+\dfrac{y}{3}+\dfrac{y}{6}=5,\text{即}\dfrac{x-2y}{4}+\dfrac{y}{3}+\dfrac{y}{6}=5,$$

在方程左边整理化简时,未知数 y 被巧妙地消去了,于是原方程变为 $\dfrac{x}{4}=5$,即 $x=20$(英里)。

实际上,我们也可以这样来解:

设旅行者走的路线中平路的距离为 x,坡路的距离为 y。

整个行程所需的时间是 $\dfrac{x}{4}+\dfrac{x}{4}+\dfrac{y}{3}+\dfrac{y}{6}=5$,

注意到 $\dfrac{1}{4}+\dfrac{1}{4}=\dfrac{1}{3}+\dfrac{1}{6}=\dfrac{1}{2}$,

化简即得 $x+y=10$,

这正是这段路程的距离,所以旅客一共走了 20 英里。

下面再提供一个更简单的巧妙解法:

上坡和下坡的平均速度为 3 与 6 的调和平均为 $\dfrac{2}{\frac{1}{3}+\frac{1}{6}}=4$,恰

与平路上的速度相同,因此,总的平均速度为 4,共走了 5 小时,于是总行程为 4×5＝20(英里)。

有人说,这也太凑巧了,如果上下坡的平均速度与平路速度不等呢? 显然,如果这样的话,这个题也就无法解了。其实,我们虽然知道了旅行者一共走了 20 英里路程,可是分段路程究竟走了多少,那是无法确定的,这正是这个题目的巧妙之处,体现了出题者的哲学思想,即总体可以勾画,而细节难以捉摸。

在本丛书第一册中,曾提到"调和平均"的概念:两个正数 a, b 的调和平均值定义为:$H(a, b) = \dfrac{2}{\dfrac{1}{a} + \dfrac{1}{b}}$,即"它们的倒数的算术平均值的倒数"。

推理的学问

逻辑思维能力是指人正确、合理思考的能力,即对事物进行观察、比较、分析、综合、抽象、概括、判断或推理的能力。对任何一个人来说,无论是在工作中还是在生活中,具备一定的逻辑思维能力是非常重要的,它不仅关系到学习和工作的成效,而且关系到事业的成败。因此,提高公民的逻辑思维能力是非常必要的。

在现实生活中,表达违背逻辑的现象是很常见的。例如,两个人在争论,某人认为,如果你不支持反恐战争,那你就是支持恐怖分子,显然这是错误的逻辑。再如,建筑工地上时常会看到"一人安全,全家幸福"的警示语,然而,仔细分析就不难发现,一个人不能顶替全家,安全也不能代表幸福,这也是一个假的命题。如果将其改写为:"一人不安全,全家不幸福。"这才是一个符合逻辑的正确命题,而且同样能够警示人们注意劳动安全。

提高逻辑思维能力的途径有很多,学习数学是其中一条最重要的途径。

逻辑思维的核心内容包括归纳与演绎、分析与综合、抽象与概括、比较思维法、因果思维、递推法、逆向思维等,而数学是以概念和命题为主要内容的一个演绎体系,数学概念的分类、定理的证明、公式法则的推导等都广泛地使用了逻辑推理,可见数学知识的学习与逻辑思维的训练是不可分割的。一般来说,数学学习成绩好的学生其逻辑思维能力一定较强,而较强的逻辑思维能力又可以进一步促进数学知识的学习,两者是相辅相成、相得益彰的。

下面给出一些逻辑推理问题的经典例子,读者可以测试一下自己的逻辑推理能力。

老师分工

甲、乙、丙3位老师分别讲授语文、数学、物理、化学、生物和历史,每位老师教两门课,化学老师和数学老师住在一起,甲老师最年轻,数学老师和丙老师爱下象棋,物理老师比生物老师年长,比乙老师年轻,3人中最年长的老师的家比其他两位老师远。问:3位老师分别教哪两门课?

解答:因为物理老师比生物老师年长,比乙老师年轻,说明生物老师最年轻,是甲。乙老师最年长,不和另外两人住,那么丙可能是数学老师或化学老师。丙又喜欢和数学老师下棋,说明他是化学老师,甲是数学和生物老师。丙年龄居中,物理老师比生物老师年长,比乙老师年轻,所以丙是物理和化学老师,剩下的课程就是乙的了,他教语文和历史。

白马王子

玛丽心目中的白马王子是高个子、黑皮肤、相貌英俊的。她认识西蒙、汤姆、卡尔、戴夫4位男士,其中有且只有一位符合她要求的全部条件。

(1)4位男士中,有3人是高个子,有2人是黑皮肤,只有1人相貌英俊;

(2)每位男士都至少符合一个条件;

(3)西蒙和汤姆肤色相同;

(4)汤姆和卡尔身高相同;

(5)卡尔和戴夫并非都是高个子。

谁符合玛丽要求的全部条件?

解答:由于只有一位不是高个子,而汤姆和卡尔身高相同,所以他俩都是高个子;再根据(5)知,戴夫不是高个子;玛丽心目中那位唯一的白马王子必须是高个子,所以戴夫肯定不是这个相貌英俊的白马王子了。

但由(2)知,戴夫至少符合一个条件;既然他不是高个子,也不英俊,那他一定是黑皮肤;而西蒙和汤姆肤色相同,且只有两人是黑皮肤,所以西蒙和汤姆不是黑皮肤,因此他们两个也不是白马王子了。

另一个黑皮肤的就是卡尔了,且他是高个子,所以卡尔是唯一能够符合玛丽的全部条件的人(因而他一定相貌英俊)。

两个部落

有个海岛上住着两个部落的土著人。一个部落的成员总是说实话,另一个部落的成员总是说谎话。

一位传教士碰到两个土著人,一个是高个子,另一个是矮个子。"你是说实话的人吗?"他问高个子。

"Opf"高个子的土著人答道。

传教士知道这个土著语单词的意思为"是"或"不是",可是记不清究竟是哪一个。矮个子的土著人会说英语,传教士便向他询问他的伙伴说的是什么。

"他说'是',"矮个子的土著人答道,"但他是一个大说谎家!"

这两位土著人各属于哪一个部落?

解答:当传教士问高个子的土著人是不是说实话的人时,答话中"Opf"的意思必定为"是"。因为,如果这位土著人是个说实话的人,他一定如实地答复"是";而如果他是个说谎话的人,他一定隐瞒真相,仍然答复"是"。

因此,矮个子的土著人告诉传教士,他的伙伴说的是"是",所以矮个子应该来自说实话的部落。而他说高个子是说谎的人,那么高个子就应该来自说谎话的部落。

最好的医生

一位病人要做手术,外科有 A,B,C,D 4 位医生,请谁做好呢?他问了几位知情人。

甲说:"C 的手术成功率比其他三位都低。"

乙说:"C,D 比 A,B 的技术高明。"

丙说:"D 的技术不是最好的"。

丁说:"A,B 的技术比 C 差。"

戊说:"B 的技术也不是最好的。"

己说:"B,C 的技术比 A 好,也比 D 安全可靠。"

一位老医生听了这些后,悄悄告诉他:"这 6 句话中只有 1 句是错误的。"请你帮助病人分析一下哪位医生是最好的。

在每人的回答中,最好医生的可能人选集合分别是:

甲:A,B,D。乙:C,D。丙:A,B,C。丁:C。戊:A,C,D。己:B,C。

只有甲没有提到 C,其余都提到了,所以选 C。

贴标签

有 3 个筐,一个筐里装着橙子,一个筐里装着苹果,一个筐里混装着橙子和苹果,装完后封好,然后做"橙子""苹果""混装"3 个标签,分别贴到上述 3 个筐上,由于马虎,结果全都贴错了,请想一个办法,只许从某一个筐中拿出一个水果,就能纠正所有的标签。

你能做到吗？

推理如下：

如果从贴着"橙子"标签的筐中去拿，如果拿出的是橙子，则可以确定是混装的，但如果拿出的是苹果，则无法确定全是苹果还是混装的；同理，从贴着"苹果"标签的筐中去拿，也无法保证纠正所有的标签。

所以必须从贴着"混装"标签的筐中去拿。

如果拿出来的是苹果，因为它不是混装的，所以一定整筐是苹果；由此可知，贴着"橙子"标签的筐里应该是混装的；最后，贴着"苹果"的筐里应该是整筐橙子。

如果从"混装"标签的筐里取出的是橙子，情况类似。

"找次品"游戏

有 5 个外形相同的乒乓球，其中只有一个质量不标准（或轻或重）的次品球。再给你 1 个标准球，请你只使用两次天平，找出这个次品球。

为了方便说明，我们给 5 个乒乓球编上号，分别称 1—5 号球，而标准球编为 0 号。

先把 0 号球和 1 号球放在天平的一侧，2、3 号球放在天平另一侧，做第一次称量，分以下两种情形：

（1）如果天平是平的，则 1、2、3 号球都是标准球，4、5 号球有一个是次品，称其为"嫌疑球"；再把一个标准球与一个"嫌疑球"分别放在天平两边，如果天平不平，则天平上的这个"嫌疑球"为次品球（此时还可以确定次品球是偏重还是偏轻）；如果天平是平的，则另一个未放的"嫌疑球"为次品球（此时不能确定次品球是偏重还是偏轻）。

(2)如果第一次称量天平不平，则 4、5 号球为标准球，1、2、3 号球为"嫌疑球"。

如果 2、3 号球那侧较重，再把 2、3 号球分别放到天平两侧做第二次称量，如果天平是平的，则 1 号球为次品（偏轻）；

如果天平不平，则 1 号球为标准球，"嫌疑球"缩小在 2 号、3 号球中，由于 2、3 号球那侧比 0、1 号球侧重，知道次品球比正品球重，那么对于最后天平上两侧的 2、3 号球，重的必为次品球（偏重）。

如果第一次称量时 2、3 号球那侧较轻，可类似推理。

猜帽子

一群人开舞会，每人头上都戴着一顶帽子。帽子只有黑白两种，黑的至少有一顶。每个人都能看到其他人帽子的颜色，却看不到自己的。主持人先让大家看看别人头上戴的是什么帽子，然后关灯，如果有人认为自己戴的是黑帽子，就拍一下手。第一次关灯，没有声音。于是再开灯，大家再看一遍，关灯时仍然鸦雀无声。一直到第三次关灯，才有劈劈啪啪的拍手声响起。问有多少人戴着黑帽子？

如果只有一顶黑帽子，那么戴黑帽子的这人在第一次开灯时，看到的全是白帽子，就能确定自己戴的是黑帽子，就应该拍手，但现在没有声音，可以推断至少有两顶黑帽子；

如果有两顶黑帽子，那么在第二次开灯时，看到一顶黑帽子的人可以断定自己戴的是黑帽子，就应该有拍手声，但现在仍然没有声音，可以推断至少有三顶黑帽子；

第三次开灯时有人拍手，说明有人只看到两顶黑帽子，所以有三个人戴黑帽子。

以此类推,到了第几次开灯时有拍手声,就可以知道有几个人戴了黑帽子。

猜生日

近日,新加坡一道为十五六岁中学生设计的奥数题被人放上网,不料惹得西方国家网民绞尽脑汁争相答题,在 Facebook 上都吵翻天了,许多人惊呼,新加坡孩子竟然要做这么难的数学题啊!值得注意的是,英国、美国等西方国家网民普遍震惊,而国内网民则相对淡定,有人说,这个题相当于我们小学五年级的奥数题水平。你是否想考验一下你的逻辑推理能力?那就来试一试吧。

题目是这样说的:阿尔伯特和伯纳德刚刚和谢丽尔成为朋友,他们想知道谢丽尔的生日日期,谢丽尔最终给他们 10 个可能日期:

5 月 15 日、5 月 16 日、5 月 19 日

6 月 17 日、6 月 18 日

7 月 14 日、7 月 16 日

8 月 14 日、8 月 15 日、8 月 17 日

然后分别告诉阿尔伯特她生日的月份和伯纳德她生日的日期。

阿尔伯特说:我不知道谢丽尔的生日,但我知道伯纳德也不会知道。

伯纳德说:一开始我不知道谢丽尔的生日,现在我知道了。

阿尔伯特说:那我也知道谢丽尔的生日了。

从这 3 句话里你能推断出谢丽尔的生日是哪一天吗?

下面给出推理过程,为了方便叙述,记阿尔伯特为 A,伯纳德为 B,谢丽尔为 C:

第一步：在 10 个日子中，只有 18 日和 19 日出现过一次，如果生日日期是 18 或 19 日，那知道日子的 B 就能猜到月份，而第一句话中，知道月份的 A 能确定 B 不知道日期，因此推断生日不会在 18 或 19 日，所以应排除 5 月和 6 月。

第二步：在 7 月和 8 月剩下的 5 个日子中，14 日出现过两次。如果 C 告诉 B 她的生日在 14 日，那 B 就没有可能凭 A 的一句话，就猜到她的生日，所以 14 日被排除。现在的可能性只剩下 7 月 16 日、8 月 15 日和 8 月 17 日。

第三步：在 B 说了第二句话后，A 也知道了 C 的生日，这表明生日月份不可能在 8 月，因为 8 月有两个可能的日子，7 月却只有一个可能性。

综上所述，生日肯定是 7 月 16 日。

拓展思维：

你能完成下面的推理问题吗？

1. 某珠宝盗窃案中，抓住了 4 个嫌疑犯，经查明，作案人肯定是 A，B，C，D 4 人中的 1 个。他们的口供如下：

A：“那天我回乡下，不在现场。”

B：“D 是盗宝者。”

C：“B 是盗宝者。”

D：“B 和我有仇，诬陷我。”

他们中间只有一个人说的是真话。问谁是盗宝者？谁说的是真话？

2. 甲、乙、丙、丁 4 个学生坐在同一排的相邻座位上，座号是 1 号至 4 号，一个专说谎话的人说：“乙坐在丙旁边，甲坐在乙和丙的中间，乙的座位不是 3 号。”请问坐在 2 号位置上的是谁？

3. 某班 46 人, A, B, C, D, E 5 位候选人中选班长,每人只能投一人的票,且不能弃权。投票结果是:A 得选 25 票, B 得选票占第二位, C, D 得票同样多, E 得票最少,只得 4 票,那么 B 得到的选票是多少?

4. 甲、乙、丙 3 队互相比赛,每两队之间都比赛了同样多的场数,然后根据得分的多少,决定哪一队是最后的胜利者。规则是每场比赛,胜者得 3 分,负者得 0 分,平局各得 1 分。甲队在全部比赛结束之后,得意洋洋地说:"我们队赢的场数比你们两队中的任何一队都多。"

乙队反唇相讥,道:"我们队输的场数比你们两队中的任何一队都少。"

唯有丙队发言人一声不吭。你认为丙队有可能排名第一吗?

提示:每两队之间的比赛场数可以不止一场。

魔瓶悖论与不完全信息

The Bottle Imp 是英国作家罗伯特·斯蒂文森写的一则有意思的短篇小说。某日,小说里的主人公遇上了一个怪老头。怪老头拿出一个瓶子,说如果你买走这个瓶子,瓶子里的妖怪就能满足你的各种愿望;但同时,持有这个瓶子会让你死后入地狱永受炼狱之苦,唯一的解法就是把这个瓶子以一个更低的价格卖给别人。如果你是小说里的主人公,你会不会买下这个瓶子呢? 你会以什么价格买下这个瓶子呢?

以什么价格买入这个瓶子,这个问题似乎并不容易回答。你当然不愿意花太多的钱,在你的愿望被满足之前你至少还得给自己留一点钱花;但你也不能花太少的钱,否则你会承担着卖不出去的风险。但是,在做出一些理性的分析后,我们得出了一个惊人的结论:任何人都不应该以任何价格购买这个瓶子。

和很多博弈问题一样,这一系列的分析首先从最简单的情形开始。首先,你是绝对不能只出 1 分钱就买下这个瓶子的,因为这样的话这个瓶子就永远也卖不出去了——没有比 1 分钱更低的金额了。那么,用 2 分钱买瓶子呢? 这样理论上似乎是可行的,但仔细一推敲你会发现还是有问题——这样你只能以 1 分钱卖掉这个瓶子,但没有人会愿意用 1 分钱去买瓶子(否则他就卖不掉了)。因此,用 2 分钱买下瓶子后,你同样找不到下一个买家。和上面的推理一样,用 3 分钱买这个瓶子也不是什么好主意,因为没有人愿意以 1 分钱或 2 分钱购入瓶子,因此你的瓶子不可能卖得掉。依此类推,你不应该以任何价钱去购买这个瓶子,因为每个人都知道,他无法以任何价格卖掉这个瓶子。

这个推理有意思就有意思在,它的结论和我们的生活直觉是相反的——花几万元或者更保险的,几百万元,去买这个瓶子,怎么想也不会是一个如此悲剧的结果。但上述严格的推理为什么会得到一个看似荒谬的结果呢?这个推理有一个很强的前提条件,这也是很多趣味博弈问题的基础——假设每个人都是最聪明的,他们所做的决策都是最优的;并且每个人都知道,每个人都是最聪明的,都将选择自己的最优策略;并且每个人都知道,每个人都知道每个人是最聪明的;并且……这样无限循环下去。但现实生活中,这个假设明显不成立。或许每个人都绝顶聪明,但这一点并不是所有人都知道;即使所有人都知道,也不是每个人都知道所有人都知道。这就是所谓的不完全信息,它会对整个游戏的结果造成根本性的影响。

在一堂经济学课上师生玩了一个非常有趣的游戏,教授通过这个游戏完美地诠释了不完全信息。教授叫每个人在小纸条上写一个不超过 100 的正整数,然后交给助教。由助教当场统计所有同学所写的数的平均值,并约定所写的数最接近平均值的 2/3 的同学将在期末考试中获得额外的加分。例如,若所有同学所写的数平均值为 44 ,则写下 29 的每个同学都将在期末得到加分。如果是你,你打算写多少?

我们来看看,如果前面那个"人人都是聪明人"等一系列假设成立,最后的结果是什么。首先,你有理由猜测,大家所写的数随机分布在 1 到 100 之间,平均值在 50 上下。这样的话,你写下 50 的 2/3,即 33 ,应该是最合理的。且慢!不只是你,其他人当然也都想到了这一点,他们都会发现写下 33 是更好的选择。这样,你写下 22 便成了一个更好的选择。不过，别人也会和你一样想到这一步，进而所有人都会考虑写下 22 的 2/3 也即 15，…… 这样推下去，最后的结果是，所有人都会发现写下数字 1 是最好的结果。而事实上，这个结果也确实是最好的——在这种情况下所有人都将获胜，每个人都能得到期末加分。

能上这堂课的人固然不笨，大家也都清楚这一点。更有意思的是，后来的调查发现，当时的课堂上有很大一部分人以前就知道这个游戏，并以智力题的形式见过上面的分析。但真正敢写"1"的人几乎没有，因为信息是不透明的，你不知道别人能够想到多远，也不知道有没有写 100 的大傻子，也不知道有没有内鬼，等等。

在 *The Bottle Imp* 的例子中，情况也相同——谁也不知道，有没有傻子来打破上面那个卖不出去的推理链条。更有趣的是，小说 *The Bottle Imp* 的情节本身还考虑到了另外一些非常机智的转折。可能会出现一些对许愿瓶上了瘾、根本不在乎入地狱的人，他或许不相信有地狱，或许已经犯过不可饶恕的滔天大罪，觉得自己反正都得下地狱。还有这么一种可能：有人发现即使你用 1 分钱买下了这个瓶子，这也不是完全无解——你可以把瓶子卖到其他国家去。由于汇率的原因，在其他国家里你或许能找到比 1 分钱更低的价格。这样卖瓶子是否合法并不重要，只要有人相信他是合法的就够了。他的存在，或者有人相信有这样的人的存在，或者有人相信有人相信有这样的人存在，都足以打破上面的那个推理链条。

在现实生活中，如果周围都是一群聪明人，你需要博弈论，如果周围是普通人，你更需要所谓的处事智慧。博弈训练可以改变你的思维方式，例如换位思考。博弈论里经常有这样的情况，想让自己的决策最优，先考虑对方如何使自己的决策最优。充分地了解对手，才能更好地博弈。

考试悖论

　　一位老师宣布说,在下一星期的五天内(星期一至星期五)的某一天将举行一场出乎意料的考试,但他又告诉班上同学:"你们无法知道是哪一天,只有到了考试那天的早上八点钟才通知你们下午一点钟考。"这场考试有可能举行吗?

　　有学生这样推理:

　　考试不可能在星期五,因为它是可能举行考试的最后一天,如果说在星期四还没有举行考试的话,那你就能推出星期五要考。但老师说过,在当天早上八点以前不可能知道考试日期,因此在星期五考试是不可能的。

　　但这样一来星期四便成为可能举行考试的最后日期。然而考试也不可能在星期四。因为如果星期三还没有考试的话,我们就知道考试将在星期四或星期五举行。但从前面的论述可以知道,星期五可以排除,这就意味着在星期三就已经知道在星期四要进行考试,这是不可能的。

　　现在星期三便成为最后可能考试的日期。但星期三也要排除,因为如果你在星期二还没有考试的话,便能断定星期三要考。

　　如此等等,根据同样的理由,全周的每一天都被排除。

　　所以这场考试是无法举行的!

　　然而,在下周的某一天真的举行了考试,这大大出乎学生的意料! 你知道问题出在哪里吗?

　　考试悖论起源于下面这个真实的故事。

"二战"时,瑞典广播了一个声明:本周将举行一次民防演习。为确保各民防单位真正处于无准备的状态,预先任何人不会知道将在哪一天发生。瑞典一名数学家在声明中发现了微妙的矛盾,并告诉了其学生。从此这个问题便流传开来。

这个著名的悖论有很多其他版本,如下面的"刽子手疑难"。

某法官宣布判决:"囚徒 A 将于下周的某日被执行绞刑,但在行刑之日早晨之前,囚徒 A 事先不知道他将在该日被绞。"囚徒 A 以与上述学生类似的明显合理的归谬推理,推出判决下周不可能执行;但实际上,在下周的某一天,刽子手还是前来对 A 实施了绞刑。

考试悖论在正式提出来后,迄今没有公认的解答,成了一道世界性的难题。无数人试图破解这个谜题,提出各种各样的解释。显然,简单地认为老师或法官是骗子,是不可取的。

有人认为,关键是要在"出乎意料"几个字上做文章。某一天考试,你是否感到意外,要看你是否认为这天将考试,与你想的相反则意外。比如说,到了周四没考,则只有周五考,而你认为这样不意外,把周五也排除了,到周五考试时你就会感到很意外。

那么,你是怎么思考这个烧脑问题的呢?

数学推理也能"耍赖"

数学一向以严谨的思维著称,每一步推理都需要严格的理由。但在数学历史中,漏洞百出的数学推理也频频出现。有趣的是,有些看似不严格的思路也充满着智慧,在数学中的地位不亚于那些伟大的证明。下面这些例子告诉你,在数学里也是可以"耍赖"的。

例证法

数学家张景中写的《数学家的眼光》一书中写到了一个巨"赖皮"的数学证明方法,叫"例证法",看完你可能会惊讶地掉了下巴。

例如,现在要证明恒等式 $(x+1)(x-1)=x^2-1$ 成立,可以这样做:

令 $x=1$ 代入原式,发现等式成立;

令 $x=2$ 代入原式,发现等式成立;

令 $x=3$ 代入原式,发现等式成立。

所以原式恒成立。

你看了可能会惊讶不已,举了 3 个例子就说证明了原式? 证明等式成立可必须是所有 x 都满足才行啊! 可是,且慢,我可以告诉你,这样证明是严谨的。不信就听我仔细分析。分析一下原等式,发现 x 的最高次是 2 次。根据代数基本定理,这个式子如果不是恒等式,就最多只有两个实根。现在我们居然找到了三个实根,就说明原式只能是恒等式了。

怎么样,这个例证法神奇吧!

逻辑中的那些"赖皮"

"耍赖"是各种数学悖论的来源。你能想一个命题,使得它和它的否定形式同时成立吗?令人难以置信的是,这样的命题真的存在。"这句话是七字句"就是这样一个奇怪的命题。它的否定形式是"这句话不是七字句",同样是成立的。

你肯定会大叫"赖皮",命题的真假与这个命题本身的形式有关,这样的命题算数学命题吗?没错,这些涉及自己的命题都叫作"自我指涉命题",它们的出现会引发很多令人头疼的问题。从"说谎者悖论"到"罗素悖论",各种逻辑悖论的产生根源几乎都是自我指涉。数理逻辑中的"赖皮"遍地都是,它们甚至引发了数学史上的第三次数学危机。

旋轮线的面积

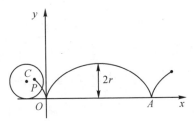

车轮在地上旋转一圈的过程中,车轮圆周上的某一点划过的曲线就叫作"旋轮线",或称"摆线",它是数学中众多的迷人曲线之一,具有一些非常重要而优美的性质。比如说,一段旋轮线下方的面积恰好是这个圆的面积的 3 倍。这个结论最早是由伽利略发现的。不过,在没有微积分的时代,计算曲线下方的面积几乎是一件不可能完成的任务。那么,伽利略是如何求出旋轮线下方的面积的呢?

在试遍了各种数学方法却都以失败告终之后,伽利略果断地要起了"赖皮":他在金属板上画出旋轮线的形状,然后切下旋轮线下面所围部分,拿到秤上称了称,发现重量正好是对应的圆形金属片的 3 倍。

阿基米德与"圆柱容球"

有一次,邻居家的小孩把一个球塞入圆柱形物体内玩耍时,发现球无法取出,于是向阿基米德求援。阿基米德取过圆柱形物体观看,巧的是里面圆球的直径正好与圆柱的直径和高相等。阿基米德当即意识到手上的玩具正是圆柱及其内切球的模型,自己曾苦思冥想两者体积之比未果,没想到这个一直困扰他的难题一下子有了线索。他随即向圆柱中注水,反复测量水量。他发现,无球时圆柱储水量与有球时储水量之比为 3∶1,亦即圆柱与球体体积之比为 3∶2,从而导出球体体积公式为 $\frac{4}{3}\pi r^3$(其中 r 为球的半径)。这个偶然的发现,令阿基米德终身难忘。他叮嘱家人,他死后,在他的墓碑上镌刻圆柱及其内切球的图案作为墓志铭。

现在我们知道,圆柱体的体积为底面积×高,当圆柱的直径和高相等时,体积为 $\pi r^2 \cdot 2r = 2\pi r^3$,于是,球体的体积为 $2\pi r^3 \cdot \frac{2}{3} = \frac{4}{3}\pi r^3$。

最经典的"无字证明"

1989 年的《美国数学月刊》上有一个貌似非常困难的数学问题:下图是由一个个小三角形组成的正六边形棋盘,现在请你用右边的 3 种(仅朝向不同的)菱形把整个棋盘全部摆满(图中只摆了其中一部分），证明当你摆满整个棋盘后，你所使用的每种菱形数量一定相同。

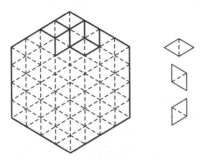

文章提供了一个非常帅的"证明"。把每种菱形涂上一种颜色，整个图形瞬间有了立体感，看上去就成了一个个立方体在墙角堆叠起来的样子。3种菱形分别是从左侧、右侧、上方观察整个立体图形能够看到的面，它们的数目显然应该相等。

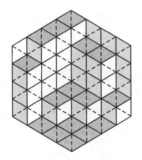

严格地说，这个本来是不算数学证明的。但它把一个纯组合数学问题和立体空间图形结合在了一起，实在让人拍案叫绝。因此，这个问题及其鬼斧神工般的"证明"流传甚广，深受数学家们的喜爱。《最迷人的数学趣题——一位数学名家精彩的趣题珍集》一书的封皮上就赫然印着这个经典图形。在数学中，类似的"赖皮"证明数不胜数，不过上面这个例子可能算是最经典的了。

微信群真的是一个"群"吗

　　现在是网络时代,几乎每个拥有智能手机的人,或多或少都有几个微信群。前段时间,几条法律新闻引发了许多微信群的焦虑,说是如果群里有人发送违法消息,群主要承担法律责任。先不说具体判决如何操作,这原则本身似乎有问题:群主不一定真的担负了管理职责,似乎也没有担负这一职责的法律义务,群主要无条件连坐,那显然既不合情也不合理。于是很多群里纷纷开动脑筋,想办法来规避这一法律风险。

　　这里提供一招釜底抽薪的办法:如果我们从数学上证明,这个所谓的微信群,其实根本就不是一个真正的"群",自然也谈不上什么群成员和群主了。

　　那么,数学中的"群",是个什么概念呢?它拥有一个严格的数学定义,还有一个很大的来头。它的发明人是一个名叫伽罗瓦的法国人,他是一个极富天才的数学家,与另一个数学天才阿贝尔共同开创了一个数学的新分支——群论。在几乎整整一个世纪中,伽罗瓦的群论思想对代数学的发展起了决定性的作用。令人惋惜的是,这颗刚刚升起的数学新星,却在 20 岁时,在一次几近自杀的决斗中英年早逝,新星不幸陨落。一些著名数学家们说,他的死使数学的发展被推迟了几十年。

　　那么,数学中的"群"是怎样定义的呢?简单叙述就是:首先你要有一堆东西(元素),称之为集合,然后你把其中的任意两个元素按照某种方式放在一起(运算),都能得到一个结果,而这个结果仍然在这个集合中,称为"封闭"。

举个例子。我们天天都和一种特别常见的群打交道,数学家给它起了个名字叫作"整数加法群":整数,就是我们有的那堆东西(集合);加法,就是我们把这些东西放在一起的方式(运算)。试一下,随便找两个整数,都一定可以做加法,而结果一定还是个整数。

如果微信群是真的群,那么微信群的"集合",应该就是群成员的集合了;一个个的元素就是一个个的人。它需要一个二元运算,不妨称这个二元运算为"互动",任意两个群成员放在一起都必须能够互动。姑且把它命名为"微信成员互动群"。

虽说只要有了集合和运算就能建群,但是这个运算是有讲究的,不是随便什么运算都能胜任的。具体地说,这个运算要满足四大"群公理":封闭性、结合律、单位元和逆元。

封闭性:不管你拿出群里的哪两个成员,运算过后得到的一定还是群成员,不可能跑出群外面去。比如,随便两个整数相加,获得的必定还是整数。

结合律:如果你要对 3 个成员进行运算,那么先算哪 2 个都无所谓,结果一样。比如,$(1+2)+3=1+(2+3)$。

单位元:一定有一个成员,它在和另一个成员运算之后不改变后者。比如整数加法群的 0:$0+2=2+0=2$。

逆元:任何成员都一定有自己的"逆"——它和它的逆元运算之后能够变成单位元。比如整数加法群里,对于 5,有相反数 -5:$5+(-5)=(-5)+5=0$。

所以,如果微信群是真的群,将四大群公理套用在微信群上,会获得如下结果:

封闭性:任意两个群成员进行互动,得到的结果一定还是一个群成员。

结合律: 3个成员互动时,哪2个互动先是无关紧要的。(互动是一个二元运算,所以3个人不能同时互动。)

单位元: 一定有一个群成员,不妨称之为群主,当群主和任何成员互动时结果依然是那个成员。(可以证明,一个微信群有且仅有一个群主。)

逆元: 对任何一个群成员,都一定有另外一个成员,两者互动的结果是群主。

在这里,不妨设定每一次两个成员"互动"的结局都一定是@到了某一个确定的群成员。如果没有@,或者同样两人@的结果不是每次都一样,那就不是我们关心的这种互动。

群内还可以再有结构。在一个群里,有些元素自己会组成一个小圈子。它们并非不与外界交流,但无疑它们喜欢抱团:小圈子内的元素经过运算得到的结果仍然在这个小圈子里,而它们的逆元也在小圈子里。简而言之,这个小圈子对于原来的运算也组成一个群。这样的小圈子,叫作群的"子群"。

微信群不一定都有子群。但是假如它有,那么就会出现这样的情况:群里有一小圈成员,他们可以和其他人互动,但圈内人的互动总是最终会@到一个圈内人。既然这个小圈子满足群的定义,那么他们完全可以独立出来另立一个新群。事实上他们也许已经这样做了,而你作为圈外人还不知道!

一个微信群还可以加人和踢人。但是因为群的两个要素之一就是给定的集合,所以每一次加人和踢人,这个群实际上都变成了一个新的群。

为什么弄个群要有这么多讲究?

作为一个数学概念,"群"是被发明出来的,并没有任何外界强制。数学家也不傻,发明并如此定义它的目的,一定是因为它有用。

确实如此,群是现代数学中最有用的基本概念之一。伽罗瓦当时取了"群"(group)这个名词,主要考虑的是 5 次以上方程解法的问题,但是今天它的作用远远超越了那一个领域。尽管群论是纯粹的抽象代数,但它在物理学、化学、生物学甚至量子力学中得到大量的运用,例如,利用对称群理论,人们能够事先预测晶体的种类,确定空间中互不相同的晶体结构只有 230 种。群论还会出现在意想不到的地方,比如玩魔方,就可以利用群论的知识:魔方中的小方块可以看作群的元素,转动魔方相当于运算,魔方公式也可以由群论得出。

可以说,每一个具体的群都一直存在于世界中,只等人们发现它。所以,你所在的这个微信群也许已经是"群"了!快对照一下要求列表吧:

· 它要有一堆给定的成员;

· 它要有一个给定的二元运算(比如最终以 @一个确定成员为结局的两人聊天);

· 它要有封闭性(不能 @到群外的人);

· 它要有结合律(互动顺序无所谓);

· 它要有单位元(群主和任何人互动一定以 @此人为结局);

· 它要有逆元(对于任何人,都有一个成员,两人互动一定会吵起来并 @群主进行裁决)。

如果满足这些条件,那么恭喜你,一个隐藏而不为人知的"群"被你发现了!如果不满足这些条件,那么同样恭喜你,我们已经在数学上证明了,你所在的"微信群"其实根本就不是一个"群"!

拓展思维解答

《三大几何难题》拓展思维解答：

1.解答：设长方形的长与宽分别是 a 和 b（$a > b$）

（1）作 $AB = a$；

（2）在 AB 上截取 $BD = b$；

（3）作 BD 的垂直平分线 l；

（4）以点 A 为圆心，a 为半径作弧，交 l 于点 C；

（5）连接 BC；

（6）以 BC 为边长作正方形，即为所求正方形。

证明：由作图方法可知，等腰 $\triangle ABC$ 与等腰 $\triangle CDB$ 的底角同为 $\angle B$，从而相似，于是有 $\dfrac{BC}{DB} = \dfrac{AC}{BC}$，即 $\dfrac{BC}{b} = \dfrac{a}{BC}$，所以 $BC^2 = a \cdot b$，即以 BC 为边长的正方形面积等于原长方形的面积。

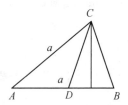

2.解答：因为 $AB = BO = r$，所以 $\triangle BAO$ 是等腰三角形，所以 $\angle AOB = \gamma$，$\angle OBK$ 是的外角，从而 $\beta - 2\gamma$，$\alpha = \beta + \gamma = 2\gamma + \gamma = 3\gamma$，所以 $\gamma = \dfrac{1}{3}\alpha$。

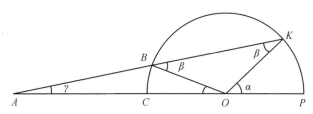

3.解答:记 $AB=a$,$AC=x$,$BC=y$,$\angle ADB=\alpha$,则 $CD=a$,在

$\triangle ABD$ 中应用正弦定理,得 $\dfrac{x+a}{\sin 120°}=\dfrac{a}{\sin \alpha}$,在 $\triangle BCD$ 中应用正弦

定理,得 $\dfrac{a}{\sin 30°}=\dfrac{y}{\sin \alpha}$,其中 $\sin 120°=\dfrac{\sqrt{3}}{2}$,$\sin 30°=\dfrac{1}{2}$,消去

$\sin \alpha$,并利用 $y=\sqrt{x^2-a^2}$,得到

$\dfrac{2}{\sqrt{3}}(x+a)=a\cdot\dfrac{2a}{\sqrt{x^2-a^2}}$,化简得 $(x+a)\sqrt{x^2-a^2}=\sqrt{3}a^2$,

$(x+a)^2(x^2-a^2)=3a^4$,$x^4+2ax^3-2a^3x-4a^4=0$,$(x^3-$

$2a^3)(x+2a)=0$,所以 $x^3=2a^3$。证毕

《古典数学名题》拓展思维解答:

1.解答:这片草地上的草的数量每天都在变化,解题的关键应

找到不变量——即原来的草的数量。因为总草量可以分成两部

分:原有的草与新长出的草。新长出的草虽然在变,但应注意到的

是匀速生长,因而这片草地每天新长出的草的数量也是不变的。

假设 1 头牛一周吃的草的数量为 1 份,那么 27 头牛 6 周需要

吃 27×6＝162(份),此时原有的草与新长的草均被吃完;23 头牛

9 周需吃 23×9＝207(份)，此时原有的草与新长的草也均被吃完。而 162 份是原有的草的数量与 6 周新长出的草的数量的总和；207 份是原有的草的数量与 9 周新长出的草的数量的总和，因此每周新长出的草的份数为(207－162)÷(9－6)＝15(份)，所以，原有草的数量为 162－15×6＝72(份)。这片草地每周新长草 15 份相当于可安排 15 头牛专吃新长出来的草，于是这片草地可供 21 头牛吃 72÷(21－15)＝12(周)。

2. 解答：已漏进的水，加上 3 小时漏进的水，每小时需要(12×3)人舀完，也就是 36 人要用 1 小时才能舀完。已漏进的水，加上 10 小时漏进的水，每小时需要(5×10)人舀完，也就是 50 人用 1 小时才能舀完。通过比较，我们可以得出 1 小时内漏进的水及船中已漏进的水。

1 小时漏进的水，2 个人用 1 小时能舀完：

(5×10－12×3)÷(10－3)＝2

已漏进的水：(12－2)×3＝30

已漏进的水加上 2 小时漏进的水，需 34 人 1 小时完成：

30＋2×2＝34

用 2 小时来舀完这些水需要 17 人：34÷2＝17(人)

3. 解答：假设 1 个检票口 1 分钟检票 1 组，

则 4 个检票口 30 分钟检票 4×30＝120 组

5 个检票口 20 分钟检票 5×20＝100 组

所以每分钟来的旅客：(120－100)÷(30－20)＝2 组

开始检票前已在排队的旅客：120－2×30＝60 组

所以如果同时开 7 个检票口，那么需 60÷(7－2)＝12(分钟)

4. 解答：托尔斯泰是这样解的：水管 1 的速度是每分钟流进木桶的 1/24，水管 2 的速度是每分钟流进木桶的 1/15，小孔流出的速度是每分钟流出木桶的 1/120,所以答案是 $1 \div (1/24 + 1/15 - 1/120) = 10$ 分钟。

《数学趣题》拓展思维解答:

1.解答:6 的五次方是 7776,不到五位数;

7 的五次方是 16807,不符合题意;

8 的五次方是 32768,不符合题意;

9 的五次方是 59049,不符合题意;

10 的五次方是 100000,超过了五位数。

所以不存在这样的一个五位数,等于它自己各位数字之和的五次方。

6 的六次方是 46656,不到六位数;

7 的六次方是 117649,不符合题意;

8 的六次方是 262144,不符合题意;

9 的六次方是 532441,不符合题意;

10 的六次方是 1000000,超过了六位数。

所以不存在这样的一个六位数,等于它自己各位数字之和的六次方。

可以验证,不存在更多位数的自循环数。

2.解答:加德纳自己给出的答案: $\dfrac{4!}{\sqrt{4}} + \dfrac{\sqrt{4}}{.4} = \dfrac{24}{2} + \dfrac{2}{.4} = 113$ 。

3.解答:完全平方数的末位数只能是 0,1,4,5,6,9,所以 22…22,33…33,77…77,88…88 不可能是完全平方数,00…00 不予考虑,11…11,已经证明不可能是完全平方数,其余逐个排除:

方法 1:44…44=4×11…11,已经证明 11…11 不可能是完全平方数,也不可能含有因子 4,所以 44…44 不可能是完全平方数;

55…55＝5×11…11,因为含有因子 5 的整数的尾数只能是 0 或 5,所以 11…11 不可能含有因子 5,所以 55…55 不可能是完全平方数;

66…66＝6×11…11,显然 11…11 不可能含有因子 6,所以 66…66 不可能是完全平方数;

此法对 99…99 不能说明(因为 99…99 有可能含有因子 9),需用后一种方法说明。

方法 2:

55…55:除以 4 以后余 3。

66…66:除以 4 以后余 2。

99…99:除以 4 以后余 3。

因为完全平方数除以 4 以后只能余 0 或 1,所以 55…55,66…66,99…99 都不可能是完全平方数。

此法对 44…44 不能说明,需用前一种方法说明。

4. 解答:首先,由左边的首数 8 可以推测,右边的首数 y 只能是 8,7,6 之一,但由于 8 已出现,所以 $y \neq 8$;

其次,考虑一个 2 位及以上的平方数的最后两位的所有可能性(从 10 到 99,求各自的平方,可编程来求)。

总共有 22 种可能:

00 01 16 21 24 25 29 36 04 41 44 49 56 61 64 69 76 81 84 89 09 96

因此右边平方数的末两位数字 yx 只有 61 和 76 符合要求,

如果是 76,则"?"代表的数字必须是 6,与 $x=6$ 重复,所以应该排除。

综合以上分析可知,y 只能是 6,x 是 1,于是"?"应该代表 9,即 $(81619)^2 = 6661661161$,解题完毕。

《推理的学问》拓展思维解答：

1. 解答：假设 A 是盗宝者，那么 A 说假话，B 说假话，C 说假话，D 说真话，只有一人说真话，符合题意，所以 A 是盗宝者，D 说真话；

假设 B 是盗宝者，则 A 的话无法确定真假，C 说真话，D 也说真话，不符合题意；

假设 C 是盗宝者，则 A 的话无法确定真假，B，C 说假话，D 说真话，不符合题意；

假设 D 是盗宝者，则 A 的话无法确定真假，B 说真话，C，D 说假话，不符合题意

所以 A 是盗宝者，D 说真话。

2. 解答：乙是 3 号，那么丙不坐在乙旁边，他是 1 号，甲不坐在乙和丙中间，那么 2 号应该是丁。

3. 解答：一共 46 票，减去已知 25＋4 票，还有 17 票。C，D 得票一样多，他们比 B 少，比 4 多，因此 C，D 只能都是 5 票，所以 B 是 7 票。

4. 解答：丙队排名第一是有可能的。

例如，甲队与乙队赛了 7 场，甲胜乙 2 场，乙胜甲 2 场，其余 3 场平局；甲队与丙队赛了 7 场，甲胜丙 3 场，丙胜甲 4 场；乙队与丙队赛了 7 场，统统打成平局。

综合起来：甲胜 5 场，负 6 场，平 3 场，得 18 分；乙胜 2 场，负 2 场，平 10 场，得 16 分；丙胜 4 场，负 3 场，平 7 场，得 19 分；结果丙队名列榜首。

3

概率趣谈

从今天起忘掉运气，相信概率

人世间确实有很多命运难以逃避，比如生老病死，比如悲欢离合。但是除了这些必然的共同命运，人和人之间还有很多不同，甚至是巨大的不同——有的人富可敌国，有的人穷困潦倒，有的人意气风发，有的人郁郁不得志……

为什么会有这样大的差别呢？

很多人将命运归结到运气上，有很多事例似乎说明运气确实存在。

有的人运气好得令人难以置信。据德国媒体报道，一位荷兰乘客由于机缘关系先后两次躲过马航 MH370 和 MH17 航空灾难。这位名为马尔滕的乘客是职业自行车赛手，自称在 2014 年 7 月 17 日马航 MH17 空难中，因在最后一刻改签躲过一劫。MH17 坠毁之后，马尔滕对荷兰媒体说："我原来准备在当日飞回吉隆坡，但在最后一分钟我决定本周末再走，因为机票便宜 300 欧元。"于是他在 10 分钟之内改签了机票。"这架坠毁的飞机机票很贵，要花去 1000 多欧元。所以说我的抠门救了我一命。"在同年 3 月的马航 MH370 失联事故中，他也差点登上这架飞机，他搭乘的飞机起飞时间比 MH370 客机晚 50 分钟，在同一登机口起飞。

2016 年 1 月 13 日，全美为之疯狂的"强力球"彩票开出中奖号码，有 3 人中得头奖，平分高达 15.86 亿美元（约合 104.5 亿元人民币）的奖金。

还有运气极差的例子。有一则新闻报道说，湖南某地有一农民在自家的地里干活,附近的铁道上有一头牛被飞驰而来的列车撞得飞了起来。结果,诺大的田野上唯一的人——老农被飞来的牛砸死了。

前几天有一则报道,一对新婚夫妇出去买喜糖,走在路上,突然发生地陷,路面塌了一个大坑,两人坠入其中,不幸遇难。

也许你可以举出更多的例子,来说明不能完全否定运气的存在。但本文想告诉你,除了寄希望于运气,你还有更好的选择——相信理性。概率,就是一门运用理性的数学思维来理解和把握不确定性的学问。

虽然很多意外是我们无法控制或预料的,但如果养成一些良好的习惯,就可以降低发生意外的概率。现在年轻人中走路时看手机的现象非常普遍,可以想见,他们出意外的概率是很高的。再如,一个走路或骑车从不闯红灯的人,出车祸的概率肯定明显低于一个经常乱闯红灯的人。所以,走路、骑车不要看手机,不要闯红灯,坐车系好安全带,开车不看手机或接电话,等等,会大大提高你的安全系数。俗话说,"小心驶得万年船",就是这个意思。

讲一个笑话:

记者采访一个行人,问:"你对'闯红灯'怎么看?"

行人:"'闯红灯'啊,闯成功就快了几十秒。"

记者:"那万一闯失败了呢?"

行人:"那就快了几十年。"

为什么要学习概率? 往简单处讲,概率很有用;往复杂里讲,概率关系到世界的本质。

一位哲学家曾经说过:**"概率是人生的真正指南。"**

也许有人会说,我不懂概率,不也过得挺好吗?

就像任何知识和经验一样,没有它们你也能生活,但是如果你掌握它们,你会过得更好一点,这一点对概率来讲更是如此。

先来玩一个扑克小游戏:

我手里有 3 张扑克牌,分别是 A,K,K。你任意抽一张牌,如果抽中 A 就给你 1 元钱,抽中 K 就什么也没有。

是不是很简单?在这个游戏里,你没有任何风险,只管赢钱就好了。

即便你不太懂概率知识,你也能明白,你每次抽中 A 的可能性是 1/3。如果玩 90 把的话,你能从我这里赢走大概 30 元钱。

但是如果我们把游戏规则稍微变化一下,或许就没那么容易想明白了:

基本规则保持不变——仍然是你抽中 A 就给你 1 元钱——但是加了一个小插曲:

当你抽出一张牌之后(先不要看是什么),我看了一下剩下的两张牌,从中拿出一张 K 亮出来,也就是说,每次你抽完牌之后,我都会亮出剩下牌里的一张 K。

这个时候问你:你要换掉手里的牌吗?

或者换个问法:当一张 K 被亮出来后,你觉得换一下手中的牌更好,还是坚持最初的选择更好?

也许你不相信,这个游戏的谜底竟然是:如果你选择不换的话,玩 90 次之后,你能从我这里拿走的大约还是 30 块钱。但是如果你懂概率的话,你会做出更好的选择——坚决地换!因为这样可以让你赢的钱增长 1 倍,也就是说,你会最终赢走大约 60 块钱!

这种区别的根本原因在于:选择不换牌赢的概率是 1/3,选择换牌赢的概率是 2/3。

如果玩这个游戏的人不懂概率,大部分人会选择坚守不动,这种现象在心理学上叫**锚定效应**。锚定效应是说,人们在对某人某事做出判断时,易受第一印象或第一信息支配,就像沉入海底的锚一样把人们的思想固定在某处。作为一种心理现象,锚定效应普遍存在于生活的方方面面,第一印象和先入为主是其在社会生活中的表现形式。

当然也有一部分人可能会选择换牌,但是如果他们只是跟着感觉走,那还是在碰运气。而真正懂得这其中真谛的,是那些懂概率并且相信概率的人,一旦他们理解这背后的玄机,一定会理性地选择换牌。

对于这个游戏的概率计算,就留给各位当作家庭作业了。如果你算不出这两种选择的概率的话,有一个简单的办法:找 3 张扑克牌来实验一下。相信实验的结果会让你更加深刻地理解概率和运气之间的区别。

上述游戏源自一个称为"蒙提·霍尔三门问题"的博弈论游戏,出自美国的电视游戏节目 *Let's Make a Deal*。这个游戏的玩法是:参赛者会看见三扇关闭了的门,其中一扇门的后面有一辆汽车,选中后面有车的那扇门就可以赢得该汽车,而另外两扇门后面则各藏有一只山羊。当参赛者选定了一扇门,但未去开启它的时候,节目主持人会开启剩下两扇门的其中一扇,露出其中一只山羊。主持人其后会问参赛者要不要换另一扇仍然关着的门。问题是:换另一扇门是否会增加参赛者赢得汽车的概率?如果严格按照上述条件的话,答案是:会——如果换门的话,赢得汽车的概率是 2/3,如果不换,则只有 1/3。

其实在实际生活中,我们大部分人都会对可能发生的事情进行粗略的判断,比如说:

"明天不太可能会下雨";

"韩国很有可能会部署萨德"。

······

但是很少有人天生就能够用"数字"方式对可能性进行刻画，这不仅仅是信息不足的问题，而且是我们大脑的运行方式决定的。人类的大脑就像是以"模拟信号"运转的电视一样，对于一切事情，它都只能进行"模拟"思考。而基于数学语言的概率论的优势就是可以让我们的大脑从"模拟信号"转化为"数字信号"，把模糊的"有可能""不太可能"转化为精确的数字表达出来。

虽然基础概率的知识很简单，但是古人云"知易行难"，学习概率的真正难点，是怎样将它运用到每天的生活中去。

要想学习和运用概率，可以从打牌开始。

不论是麻将，还是斗地主等这些喜闻乐见的国粹游戏，或是桥牌、德州扑克等这些高大上的国际牌类游戏，都会用到概率知识。所以，你可以找本专业书，或者自己研究一下，将概率知识和你的牌技联系起来，会是一个很好的学习概率的方式。众所周知，巴菲特就很爱打桥牌，据说他每周都要打上几个小时的桥牌，说不定打桥牌也是巴菲特巩固自己的概率思维方式的秘诀之一。

除了直接在打牌中运用概率知识，你还可以尝试另外一种方法：统计自己的胜率。这种方式适用于任何带有随机性的游戏，比如打游戏、打篮球、打牌等等。在游戏过程中，记住自己的赢的次数，再除以每次打牌的总盘数，得到的结果就是你的胜率。随着统计次数的增长，你会发现自己的胜率越来越接近一个常数，这个常数就是你打牌时候赢的概率。

说到这里，科普一条知识：这种胜率趋近概率的规律背后有一个定律，叫大数定律。大数定律是说，在试验不变的条件下，重复试验多次,随机事件的频率近似于它的概率。比如在上面例子中,你统计的胜率就是"频率"的一种。任何游戏,只要这种游戏受到概率影响,一时的输赢可能是手气或运气的原因,但长期来看,真正决定你输赢的是胜率。胜率可能会波动,但是随着总次数的不断增长,胜率就会越来越稳定,并趋近概率,这就是大数定律。

除了以上两个方法,生活中还有很多可以运用概率知识的地方,比如:

与同学打赌,班里有没有同学生日相同,算一算自己的胜算大概是多少。

计算一下双色球中 500 万元大奖的概率是多少,如果自己从现在起,坚持每天都买 5 注,一生的中奖概率是多少。(你会吓一跳)

打篮球的时候自己的投篮命中率是多少,统计一下是不是围绕一个常数在波动。

玩电子游戏的时候研究自己和对手的胜率,看看是否能够根据胜率来制定自己的策略。

……

相信这个列表还可以更长,正如数学家拉普拉斯所言:"对于生活中的大部分,最重要的问题实际上只是概率问题。"

美国亚马逊的创始人贝佐斯曾在一次演讲中说:"聪明是一种天赋,善良是一种选择。"他说的后半句相信你很赞同,但前半句也许只能赞同一半——对有的人来说,聪明是一种天赋,对大多数人来说,聪明更是一种选择。

确实有些人天生就比别人更加聪明,比如电子计算机之父冯·诺依曼就被称为普林斯顿的外星人,他的聪明程度一度让某些诺贝尔奖得主也怀疑人生。但是这样的人毕竟是少数,大部分人的智商都是位于平均线附近。而现实世界中的大多数竞争,也根本到不了 PK 基因的地步,往往知识和经验就能够分出胜负。

幸运的是,知识和经验是可以通过"选择"学习来获得的:

你可以选择每天练习英语口语,也可以选择每天玩游戏消磨时间;

你可以选择读书来增长知识,也可以选择看手机继续迷失在信息碎片中;

你可以选择每天练习使用概率,也可以选择继续依赖运气;

······

也许人和人之间的差距,正是来源于这一次次不同的选择。虽然一两次看不出有什么差别,但是日积月累,概率开始起作用,运气开始让位。到最后,那些本来和你差不多的人,靠着只是比你高几个百分点的胜率,最终把你甩得很远。

所以,从今天起,选择相信概率,忘掉运气吧。

如果你在生活中有过运用概率的经验,欢迎你写邮件告诉我,也许本书的下一版中就可以用上你的故事了。

最后,让我们重温一下查理·芒格的名言:"每天起床的时候,争取变得比你以前更聪明一点点。"

从博彩游戏中发展的科学

概率问题的历史可以追溯到遥远的过去,很早以前,人们就用抽签、抓阄的方法解决彼此间的争端,这可能是概率最早的应用。而真正研究随机现象的概率论出现在 15 世纪之后,当时的保险业已在欧洲蓬勃发展起来。不过,当时的保险业非常不成熟,只是一种完全靠估计形势而出现的博彩游戏行业,保险公司要承担很大的不确定性风险,保险业的发展渴望能有指导保险的计算工具出现。

这一渴望戏剧性地因 15 世纪末博彩现象的大量出现而得到解决。当时的主要博彩形式有玩纸牌、掷骰子、转铜币等。参加博彩的人,特别是那些专门以赢利为生的职业赌徒,鏖战赌场,天长日久就逐渐悟出了一个道理:在少数几次博彩中无法预料到输赢的结果,如果多次进行下去,就可能有所预料,这并不是完全的碰巧。这无意中就给学者们提供了一个比较简单而又非常典型的概率研究模型。

1654 年,有一个法国赌徒梅勒遇到了一个难解的问题:梅勒和他的一个朋友每人出 30 个金币,两人约定,谁先赢满 3 局谁就能得到全部赌注。在游戏进行了一会儿后,梅勒赢了 2 局,他的朋友赢了 1 局。这时候,梅勒由于一个紧急事情必须离开,游戏不得不停止。他们该如何分配赌桌上的 60 个金币的赌注呢?梅勒的朋友认为,既然他接下来赢的机会是梅勒的一半,那么他该拿到梅勒所得的一半,即他拿 20 个金币,梅勒拿 40 个金币。然而梅勒争辩道:再掷一次骰子,即使他输了,游戏是平局,他最少也能得到全部赌注的一半——30 个金币;但如果他赢了,就可拿走全部的 60 个金币。在下一次掷骰子之前,他实际上已经拥有了 30 个金币,他还有 50％的机会赢得另外 30 个金币,所以,他应分得 45 个金币。

赌本究竟如何分配才合理呢?后来梅勒把这个问题告诉了当时法国著名的数学家帕斯卡,这居然也难住了帕斯卡,因为当时并没有相关知识来解决此类问题,而且两人说的似乎都有道理。帕斯卡又写信告诉了另一个著名的数学家费马,于是这两位伟大的法国数学家开始了具有划时代意义的通信。在通信中,他们最终正确地解决了这个问题。他们设想:如果继续赌下去,梅勒(设为甲)和他的朋友(设为乙)最终获胜的机会如何呢?他俩至多再赌 2 局即可分出胜负,这 2 局有 4 种可能结果:甲甲、甲乙、乙甲、乙乙。前 3 种情况都是甲最后取胜,只有最后一种情况才是乙取胜,所以赌注应按 3∶1 的比例分配,即甲得 45 个金币,乙 15 个。虽然梅勒的计算方式不一样,但他的分配方法是对的。

3 年后,也就是 1657 年,荷兰著名的天文、物理兼数学家惠更斯把这一问题置于更复杂的情形下,试图总结出更一般的规律,结果写成了《论掷骰子游戏中的计算》一书,这就是最早的概率论著作。正是他们把这一类问题提高到了理论的高度,并总结出了其中的一般规律。同时,他们的研究还吸引了许多学者,由此把博彩的数理讨论推向了一个新的台阶,逐渐建立起了一些重要概念及运算法则,从而使这类研究从对机会性游戏的分析发展上升为一个新的数学分支。

由赌徒的问题引发,概率论逐渐演变成一门严谨的科学。

彩票问题

"下一个赢家就是你!"这句响亮的具有极大蛊惑性的话是英国国家彩票的广告词。买一张英国国家彩票的诱惑有多大呢?你只要花上 1 英镑,就有可能获得 2200 万英镑!

一点小小的投资竟然可能得到天文数字般的奖金,这没办法不让人动心,很多人都会想:也许真如广告所说,下一个赢家就是我呢!因此,自从 1994 年 9 月开始发行到现在,英国已有超过 90% 的成年人购买过这种彩票,并且也真的有数以百计的人成为百万富翁。如今在世界各地都流行着类似的游戏,在我国各省各市也发行了各种彩票,如福利彩票和体育彩票,各种充满诱惑的广告满天飞,而报纸、电视上关于中大奖的幸运儿的报道也热闹非凡,因此吸引了不计其数的人踊跃购买。很简单,只要花 2 元人民币,就可以拥有这么一次尝试的机会,试一下自己的运气。

但一张彩票的中奖机会有多少呢?让我们以英国国家彩票为例来计算一下。彩票的规则是 49 选 6,即在 1 至 49 这 49 个号码中选 6 个号码。买一张彩票,你只需要选 6 个号、花 1 英镑而已。在每一轮,有一个专门的摇奖机随机摇出 6 个标有数字的小球,如果 6 个小球的数字都被你选中了,你就获得了头等奖。可是,如果我们计算一下在 49 个数字中随意组合其中 6 个数字的方法有多少种,会吓一大跳:从 49 个数中选 6 个数的组合有 13983816 种!

这就是说,假如你只买了一张彩票,6 个号码全对的机会大约是一千四百万分之一,这个数已经小得无法想象,大约相当于澳大

利亚的任何一个普通人当上总统的机会。如果每星期你买 50 张
彩票,你赢得一次大奖的平均时间约为 5000 多年;即使每星期买
1000 张彩票,也大致需要 270 年才有一次 6 个号码全对的机会。
这几乎是单个人力不可为的,获奖仅是我们期盼的偶然而又偶然
的事件。

但为什么总有人能成为幸运儿呢? 这是因为参与的人数是极
其巨大的,人们总是抱着撞大运的心理去参加。孰不知,彩民们就
在这样的幻想中为彩票公司贡献了巨额的财富。一般情况下,彩
票发行者只拿出销售彩票收入的 45% 作为奖金返还,这意味着无
论奖金的比例如何分配,无论彩票的销售总量是多少,彩民付出的
1 元钱只能赢得平均 0.45 元的回报。从这个意义上讲,这个游戏
是绝对不划算的。

彩票是否中奖是一个典型的概率问题,但概率不仅仅出现在
类似买彩票这样的活动或游戏中,在日常生活中,我们时时刻刻都
会接触到概率问题。比如,天气有可能是晴、阴、下雨或刮风,天气
预报其实是一种概率大小的预报;又如,今天某条高速公路上有可
能发生车祸,也有可能不发生车祸;今天出门坐公交车,车上有可
能有小偷,也有可能没有小偷。这些都是无法确定的随机事件。

由于在日常生活中经常碰到概率问题,所以即使人们不懂得
如何计算概率,经验和直觉也能帮助他们做出判断。但在某些情
况下,如果不利用概率理论经过缜密的分析和精确的计算,人们的
结论可能会错得离谱。举一个有趣的小例子:给你一张美女照片,
让你猜猜她是模特还是售货员? 很多人都会猜前者。实际上,模
特的数量比售货员的数量要少得多,所以,从概率上说这种判断是
不明智的。

其实,上面所说的彩票问题也反映了人们对概率自以为是的

直觉是多么不靠谱。彩票公司极力渲染中大奖的幸运儿的传奇故事,比如某人 20 年坚守一个号码,终于中大奖的"励志"故事,殊不知有多少像他这样做,甚至坚守得更久的人,结果却一无所获,而这样的例子,彩票公司是绝对不会宣传的。如果你相信了这类倾向性极强的宣传,只能说明你是缺乏判断力的人,这是误区一。以为别人的运气是可以复制的,这是误区二。你哪怕做得和别人一模一样,他的运气也和你没有任何关系;有人买的彩票与大奖号码只差一位,以为再努把力就可以成功,殊不知像你一样只差一位数字的大有人在,更糟糕的是,下次的大奖号码与这次号码根本没有任何关系。不知事件的独立性,这是误区三。有人花很多钱去买彩票,甚至不惜挪用公款,殊不知中大奖其实是个最典型的小概率事件,其概率低到根本不值得去买。不懂概率,这是误区四,也是最大的误区。数学专家认为,概率低于 1/1000,就可以忽略不计了,而英国国家彩票中头等奖的概率只有一千四百万分之一,即使是选号范围小一些的彩票,中到特等奖的概率一般也要五百万分之一,这样小的概率居然还有这么多人趋之若鹜,只能说明大多数买彩票的人根本不懂概率。据说全世界的数学家都不会去买彩票,因为有一个笑话说,在买彩票的路上被汽车撞死的概率远高于中大奖的概率。

　　人们在直觉上常犯的概率错误还有对飞机失事事件的概率估计。也许出于对在天上飞的飞机本能的恐惧心理,也许是媒体对飞机失事的过多渲染,人们对飞机的安全性总是多一份担心。但是,据统计,飞机是目前世界上最安全的交通工具,它极少发生重大事故,造成多人伤亡的事故率约为三百万分之一。假如你每天坐一次飞机,这样飞上 8200 年,你才有可能会不幸遇到一次飞行事故,三百万分之一的事故概率,说明飞机这种交通工具是最安全的,它甚至比走路和骑自行车都要安全。

  事实也证明了在目前的交通工具中飞机失事的概率最低。1998 年,全世界的航空公司共飞行 1800 万次喷气机航班,共运送约 13 亿人,而失事仅 10 次。而仅仅美国一个国家,在半年内其公路死亡人数就曾达到 21000 名,约为自 40 年前有喷气客机以来全世界所有喷气机事故死亡人数的总和。虽然人们在坐飞机时总有些恐惧感,而坐汽车时却非常安心,但从统计概率的角度来讲,最需要防患于未然的,却恰恰是我们信赖的汽车。

生活中的概率

概率论是数学的一个分支,它研究随机现象的数量规律。概率论的广泛应用几乎遍及所有的科学领域,例如:天气预报,地震预报;产品的抽样调查;保险费率计算;药物疗效评价;在通信工程中可用以提高信号的抗干扰性,分辨率;等等。

在自然界与人类社会生活中,存在着两类截然不同的现象:一类是确定性现象。例如:"早晨太阳必然从东方升起";"在一个标准大气压下,纯水加热到100℃必然沸腾";"无外力作用或合外力为零的物体,必定保持静止或匀速直线运动状态";……。对于这类现象,其特点是:在试验之前就能断定它有一个确定的结果,即在一定条件下,重复进行试验,其结果必然出现且唯一。

另一类是随机现象。例如:某地区的年降雨量;打靶射击时,弹着点离靶心的距离;投掷一枚均匀的硬币,可能出现"正面",也可能出现"反面",事先无法做出确定的预测。因此,对于这类现象,其特点是可能的结果不止一个,即在相同条件下进行重复试验,试验的结果事先不能唯一确定。就一次试验而言,时而出现这个结果,时而出现那个结果,呈现出一种偶然性。

在我们所生活的这个世界里,充满了不确定性。

从扔硬币、掷骰子和玩扑克等简单的游戏,到复杂的社会现象;从婴儿的诞生,到世间万物的繁衍生息;从流星坠落,到大自然的千变万化……,我们无时无刻不面临着不确定性和随机性。

如果你每天上班或上学要坐地铁,你事先很难预测等待地铁的准确时间,假定地铁固定 5 分钟一班,那你运气好的话,到站时刚好有一列地铁进站,运气差时,匆匆忙忙赶到地铁站,眼睁睁看着一列地铁开走。如果你经常坐公交车,那等待时间就更没个谱了。其他如飞机晚点、火车误点,也是司空见惯的事情。

到一家心仪已久的饭馆吃饭,平时很空的饭馆突然人满为患。好不容易等到了空座位,点菜时最喜欢的那道菜被告知售罄了。

一位老师来上课,辛辛苦苦备课做好了课件,在准备上课时,突然发现优盘坏了,他该怎么办呢?

你开了一家"淘宝"店,销售某种大件商品,每月固定在月初进货。销售量无法预计,进多了不仅要造成资金积压,还要付出更多的仓储费用;进少了可能会因脱销而带来损失。根据历史记录,过去几个月里平均每月售出 4 件商品,那么你这次应该备多少货呢?

某种疾病在人群中的患病率约为万分之四,而有一种检测方法准确率为 95%。假如体检时你不幸拿到了阳性诊断书,那么你真正得病的可能性到底有多大呢?

俗话说,天有不测风云,人有旦夕祸福。不管你是否意识到,其实我们随时随地都在与随机事件和概率打交道。

类似的问题不胜枚举,以上问题我们在下一节中会逐一给出解答。下面再举几个具体的例子。

网上看到这样一则报道说,某地的大街上,有人三五成群地在路边玩游戏,游戏规则是掷两颗骰子,如果点数之和为 5,6,7,8 这 4 个数字中的一个,就算庄家赢,否则就是玩家赢。你觉得这个游戏公平吗?

也许你这样想:两颗骰子的点数之和可能为 2,3,4,…,11,12,一共有 11 种可能,而庄家赢的可能性只有 5,6,7,8 这 4 种可能,而我赢的情况有 7 种可能,所以游戏规则对我有利。这是不懂概率的人常犯的典型错误,真的去玩,就落入了设摊人的陷阱。

理智的分析是:每颗骰子有 6 种可能,所以两颗骰子掷一次有 $6\times6=36$ 种可能!点数之和为 $2,3,4,\cdots,11,12$ 的可能性分别为 $1,2,3,4,5,6,5,4,3,2,1$ 种,其中点数之和为 $5,6,7,8$ 的情况占了 $4+5+6+5=20$ 种,所以对你有利的情况只有 16 种,你赢的概率只有 $16/36$,而庄家赢的概率却有 $20/36$。知道了真相后,你还会去参与这个赌博游戏吗?

再来说一个稍微复杂一点的例子。

某地广场一地摊,老板拿了 8 颗白的、8 颗黑的围棋子放在一个暗箱里。他规定,凡是自愿摸彩者,需交一元钱,然后一次从袋子里摸出 5 颗棋子,摸到 5 颗白子奖 20 元,摸到 4 颗白子奖 2 元,摸到 3 颗白子奖价值 5 角的纪念品,摸到其他无奖。由于本钱小,许多围观者跃跃欲试,可获奖者无几。这是为什么呢?我们可以用概率知识分析一下。

从 16 颗棋子里摸出 5 颗白子的情况有 C_{16}^5 种,得到 20 元的概率为 $\dfrac{C_8^5}{C_{16}^5}=0.0128$;摸出 5 颗棋子中有 4 颗白子的情况有 $C_8^4 C_8^1$ 种,得到 2 元钱的概率为 $\dfrac{C_8^4 C_8^1}{C_{16}^5}=0.1282$;摸出 5 颗棋子中有 3 个白子的情况有 $C_8^3 C_8^2$ 种,即得到 5 角钱的纪念品的概率为 $\dfrac{C_8^3 C_8^2}{C_{16}^5}=0.3590$。

假设一天有 1000 个人去参与这个游戏,赌摊主人支付彩金是:约 12.8 人获 20 元,128.2 人获 2 元,359 人得到纪念品,其余的人什么也得不到。共计 691.9 元,参与费是 1000 元,摊主赚 300 多元。其中每个人付出 1 元,得到回报的数学期望是:$20\times0.0128 +2\times0.1282+0.5\times0.3590=0.6919$。**数学期望告诉我们,这样**

的赌博是得不偿失的,因此参与这样的游戏是不值得的。

再举两个运用概率知识的例子。

例 1 甲乙两队举行篮球对抗赛,总奖金为 10 万元,采用七局四胜制,即谁先胜四局者将得到 10 万元大奖,在第五场结束后,其中甲队 3 胜 2 负,由于某些原因比赛不得不停止,问举办方现在如何分发这 10 万元奖金?

我们知道如果平均分配这 10 万元奖金,肯定甲队有意见,但如果把 10 万元全给甲队,乙队肯定非常不满,那我们是否能够采用较科学的方法把奖金发下去? 有人建议用已剩局数做比例进行分配即可。但这种分发显然有它的局限性,即没考虑到最终取胜的概率。现在我们采用概率的知识来解决这个问题。

我们不妨让比赛继续下去,首先进行第六局比赛,甲队和乙队都有可能取胜,如果甲队胜,则比赛结束,如果乙队取胜,则必须进行第七场比赛,在第七局比赛中,甲队和乙队都有可能取胜,也就是说,我们让比赛进行到底,看他们获胜概率的大小来决定他们分发奖金的多少。现在利用概率的知识来计算两队最终获胜的概率。

通过前 5 局比赛来看,甲队每局获胜的概率为 $3/5$,乙队每局获胜的概率为 $2/5$,容易证明再赛两局一定可以分出胜负,因此,乙队必须在后继的 2 局比赛中全胜才能获得最终胜利,即乙队最终获胜的概率为 $(\frac{2}{5})^2 = \frac{4}{25}$;而甲队最终获胜的概率为 $\frac{3}{5} + \frac{2}{5} \times \frac{3}{5} = \frac{21}{25}$,所以按 21∶4 的比例来分配 10 万元奖金,即甲队 8.4 万元、乙队 1.6 万元,这样既考虑到前面比赛的情况,又与比赛结果联系在一起,应该是一个双方都易接受的方案。

例 2 但凡投资总是有一定的风险,当进行投资决策时,如果你感到左右为难,可以采用概率的知识,做出收益最大化的决策。

某人有 9 万元资金,想投资某项目,预计成功的机会为 30%,可得到奖金 10 万元,失败的机会为 70%,将损失 2 万元,若存入银行,同期间的利率为 4%,问是否做此项投资?

该项投资利润的数学期望值为 $10 \times 0.3 - 2 \times 0.7 = 1.6$(万元);

存入银行的利息为 $10 \times 4\% = 0.4$(万元)。

因此从期望收益的角度看,应选择投资,当然要冒一定的风险。

就一般而言,在选择决策前应该权衡利弊,计算出各种情况的平均值即数学期望,选择合理的投资方案。

例 3　某考研培训机构打出招生广告称:招收"考研保过班"学员,预交 15 万元。若上重点线,全额收费;若上普通线,收费 8 万元;若没有上线,则全额退款。

培训机构其实打的是"概率"牌。

例如,培训机构根据往年统计数据,上重点线和普通线的概率分别大约为 5% 和 15%。设某保过班招收 100 名学员,则获利期望为

$$100 \times 5\% \times 15 + 100 \times 15\% \times 8 = 195 \text{(万元)}$$

假定招收普通班收费为 1 万元,则招收 100 名学员获利为 100 万元。

如果有学生通过努力考上名校,那么培训机构顺理成章赚取了巨额报名费。即使培训机构遵守承诺,向未通过的考生退还全部学费,还是只赚不亏。

在现实生活中,类似的例子非常多,我们身边的概率问题随处可见,需要我们不断地去发现,最大限度地去挖掘概率方法的潜

能,充分利用概率的知识,更理性地认识问题和解决问题。

如今"降水概率"已经赫然于电视和报端。有人设想,不久的将来,新闻报道中每一条消息旁都会注明"真实概率",电视节目的预告中,每个节目旁都会写上"可视度概率"。另外,还有西瓜成熟概率、火车正点概率、药方疗效概率、广告可信度概率等等。又由于概率是等可能性的表现,从某种意义上说是民主与平等的体现,因此,社会生活中的很多竞争机制都能用概率来解释其公平合理性。

实际上,除了赌场,不确定性在人们的生活中无处不在。很多时候,人生的一次次选择就是一道道概率题。聪明的人,像巴菲特那样,会运用科学巨人花了几百年时间总结的概率知识来帮助自己做出选择,而不聪明的人,如我们大多数,都会选择跟着感觉走。而有时我们的感觉往往会使我们犯错误。

1990年《纽约时报》上刊登了一则消息,标题是"一兆分之一的偶然一致倒也不是不可能",记述的是新泽西州的一位女士在4个月的时间里,连续两次彩票中奖的事情。报纸称这几乎是17兆分之一的事情。但事实上,在每个人都会经常购买彩票的美国,类似事件的发生概率高达1/30。也许,对那位女士而言,这确实是一个天大的幸运,但就这幸运本身的发生概率而言,又算不上什么稀奇的事。"小概率抵不过大基数。"

类似地,许多人认为能遇到与自己同生日的人是件很难得的事情。但实际上23人中至少有两个人生日相同的概率已经超过50%。如果人数增加到50人,则这个概率增加到97%以上,这也许大大出乎你的意料。有许多事情对于"我"而言,是小概率事件,但这并不意味着这些事本身的发生概率也会同样的小。

阿娜托尔·弗朗士曾说过这样的话,"所谓偶然,那是上帝不愿署名时所用的假名"。我们把无缘无故、出乎意料发生的事件称作"偶然"。其实也许"偶然"中有其发生的"必然"因素,但那些因素我们终究无从得知,于是出于不得已,才称其为"偶然"的。这世间充斥着太多太多无法以一定之规则来预测其发展的偶然事件。倘若我们对用来描述偶然事件的概率与统计一无所知的话,其结果是不堪想象的。不然的话,我们只能将那些必然会发生的事情当作所谓的运气或者缘分,甚至会由于对概率的无知而陷入到尴尬的境地中。

正如芒格所言,我们确实应该掌握概率。不仅是对世界本质的好奇心,更是因为掌握概率能够让我们的选择更加准确。

随着生产的发展和科学技术水平的提高,概率已渗透到我们生活的各个领域。众所周知的保险、邮电系统发行有奖明信片的利润计算、招工考试录取分数线的预测甚至利用脚印长度估计嫌疑犯身高等无不充分利用概率知识。概率论的应用几乎遍布所有的科学技术领域、工农业生产和国民经济的各个部门。如:气象、水文、地震预报、人口的控制及预测都与概率论紧密相关。例如,国家举行重大活动需要了解几百年甚至上千年的天气资料,以避免遭遇恶劣天气的影响。1990 年北京亚运会的举办时间为 8 月 21 日—9 月 6 日,就是因为根据统计资料,北京这期间遭遇恶劣天气的概率非常低。

总之,由于随机现象在现实世界中大量存在,概率必将越来越显示出它巨大的威力。正如英国逻辑学家和经济学家杰文斯所说:"概率论是生活真正的领路人,如果没有对概率的某种估计,我们就寸步难行,无所作为。"掌握了概率论的一些理论知识,我们就可以避免生活中的一些盲目迷信,为实际生活造福。

概率思维

概率是人生的真正指南。

随机现象在我们的生活中随处可见,概率思维的重要性是不言而喻的。概率论是研究客观世界中随机现象规律的科学,它为人们认识客观世界提供了重要的思维模式和解决问题的方法。学会概率思维,可以帮助我们做出合理的决策,有利于培养我们应付变化和不确定事件的能力。以随机的观点来认识世界的意识,是每一个未来公民生活和工作的必备常识。

先简要解答上文中提到的几个概率问题。

地铁的等候时间问题。虽然你事先很难预测等待地铁的准确时间,但由于地铁固定 5 分钟一班,所以等候时间在 0 和 5 分钟之间,你只要据此留足时间,上班或上学就不太会迟到。

老师上课时发现优盘坏了,会很麻烦,下次吸取教训,再带一个备份优盘。如果一个优盘坏掉的概率为百分之一,那么,两个优盘同时坏掉的概率就只有万分之一了。或者说,一个优盘的保险系数是 99%,那么两个优盘的保险系数就是 99.99%。我们平时说的"双保险",就是指这种情况。如果再考虑到电脑 USB 接口故障等因素,在电子邮箱中再存放一个备份,那就更安全可靠了。俗话说"有备无患",就是指把出错风险降到最低。类似的问题是很多的,比如有一种可靠性要求很高的警报器,只要多安装几个并联的开关,就可以大幅度提高可靠性。

"淘宝"店进货问题,在一定的条件下,可以利用泊松分布来解决。假定以往每月平均销售 4 件商品,如果打算以 0.90 的概率保证不脱销,就应该备货 7 件。

某种疾病在人群中的患病率约为万分之四,而有一种检测方法准确率为 95%。假如体检时你不幸拿到了阳性诊断书,那么你真正得病的可能性到底有多大呢? 一个不懂概率的人可能会这样推理:这个方法的可靠性既然高达 95%,现在我被诊断为有病,说明我真的有病的概率为 95%,其实大相径庭。用贝叶斯公式计算一下,结果大大出乎你的意料:只有不到 0.5%! 这是基础概率极端不平衡时造成的错觉。

假设你的班里有 50 个同学,而你对大家的生日一无所知,如果你与别人打赌说,班里有人生日相同,你的胜率有多少呢?

有人想,一年有 365 天呢,这 50 个人刚好有人生日"撞车"的可能性不会太大吧? 计算一下,结果也许会让你吓一跳。

假定你对大家的生日一无所知,每个人的生日可能是一年当中的任何一天,所以 50 个人的生日有 365^{50} 种可能情况,而没人生日相同的情况有 $365 \times 364 \times 363 \times \cdots \times 316$ 种,所以有人生日相同的概率为

$$P(A) = 1 - \frac{365 \times 364 \times 363 \times \cdots \times 316}{365^{50}} \approx 0.9704$$

概率之大出乎你的意料吧? 和别人打这样的赌,不能说稳操胜券,也是十拿九稳的。

正确的概率思维是人们正确地思考问题而必备的文化修养的一个成分。

下面再说几个概率思维的例子。

抽签原理

足球比赛开始前,裁判一般先抛一枚硬币压在手中,然后请客

队队长猜正反面,猜对了就可以由他来挑选进攻方向,猜错了就由主队来选择。那么主队队长是否会觉得吃亏呢?

下围棋时双方需要确定谁下黑子(围棋规则是执黑先行),所谓"猜先",就是对局一方先抓一把黑子在手里(不示人),然后对方拿出 1 颗白子(猜奇数)或 2 颗白子(猜偶数)放在棋盘上;把所抓黑子放在棋盘上数一下,如果奇偶性与白子相同,则由对方先下,否则就自己先下。那么你觉得这种猜先规则公平吗?

由于概率是相等的,应该认为这些抽签规则是公平的。

那么如果有 10 个人,但只有一张足球票,大家决定用"抓阄"的方法来决定谁去看足球,做 10 张签,其中只有 1 张有球票,大家挨个抽签,那么先抽和后抽有区别吗?是否需要"争先恐后"?

抽签的结果与抽签顺序是无关的,无论你是先抽还是后抽,概率都是十分之一。

任选一个人,比如他是第 5 个抽签的,我们来看看他抽到足球票的概率是多少。设想把 10 个签随机地排列在桌子上,这样第 5 个人抽到足球票的概率与桌子上第 5 个位置上放的是足球票的概率应该是相同的。很显然,这 10 个签中的每一个都有可能放在这个位置上,从对称性的角度来看,没有哪一个签更有可能放在这个位置上,因此它们是等可能的,只能是各为 1/10。

有人可能会争辩说,如果前面 9 个人中有人把足球票抽走了,那最后一个人不是很吃亏吗?这涉及另外一个问题,这就是条件概率的问题。我们这里的游戏规则是,在抽签结束前,每个人都不能打开看结果。

这是一个古典概率论的经典问题,答案是:取决于先抽的人抽中签之后是不是马上打开看。如果先抽的人抽签之后并不马上打开看,而是等所有人都抽完之后再打开,那么先抽和后抽的人抽中某个签的概率是一样的;如果先抽的人抽签之后马上打开看,那么后抽的人抽中某个签的概率就变了,因为这个时候,后抽的人抽中某个签的概率成了在给定"先抽的人抽中签"或"先抽的人没有抽中签"这个条件之后的"条件概率"。当然,不需要计算,凭直观也能知道:如果先抽的人没有抽中好签,那后抽的人抽中好签的条件概率就提高了;如果先抽的人抽中了好签,那后抽的人抽中好签的条件概率就降低了。

抽签问题告诉我们,概率像蛋糕,也是可分的,只是分法有点不一样。

10 个人分一块蛋糕,只需将其十等分就行了,没有人会说不公平。但是足球票就不一样了,你不能把足球赛的 90 分钟分成十等份,每个人看 9 分钟。这时分的就是概率。由于抽签结果与顺序无关,因此在抽之前每个人都分得了 1/10 的概率。对于这个分配规则,相信也没有人会说不公平。

分蛋糕的规则强调结果公平,而分足球票的规则强调的是机会公平。

一个好的社会制度应该是在适当兼顾结果公平的前提下,强调机会公平,这样才能做到人尽其才,物尽其用。

赌徒心理

很多玩轮盘赌的赌徒以为,他们在盘子转过很多红色数字之后,就会落在黑的上,他们就可以赢了。事情真的会是这样吗?

有人坚持认为,如果你在一轮掷骰子中已掷出 5 次 2 点,你下次再掷出 2 点的机会就要小于 1/6 了。他说得对不对呢?

有一对夫妇,已经有了 3 个女儿,他们认为,下一个是儿子的概率要超过 1/2 了。随着女儿的数量增多,他们认为生儿子的概率在不断增大。他们的想法有没有道理呢?如果你对任何这类问题回答说"对",那么你就陷入了所谓"赌徒的谬误"之中。在掷骰子时,每掷一次都与以前掷出的点数完全无关。

轮盘赌的下一次赌数是红色的概率仍然是 1/2。

掷骰子时,下一次掷出 2 的概率仍然是 1/6。令那对夫妇失望的是,无论他们生了多少个女儿,下一个是儿子的概率依然是 1/2,既不会变大,也不会变小。为了让问题更明朗,假定一个男孩扔硬币,扔了 5 次国徽向上。这时再扔一次,国徽向上的概率还是完全与以前一样:一半对一半。钱币对于它过去的结果是没有记忆的,有记忆的只是扔硬币的人。

一个有意义的课堂活动就是玩一次实际的以赌徒谬误为基础的博弈游戏。比如,一个学生可以反复抛掷硬币,只是在同一面出现 3 次之后,才与另一个学生用扑克牌做筹码打赌。他总是赌硬币相反的那一面。换句话说,就是在 3 次出现国徽之后,他赌字;在 3 次出现字之后,他赌国徽。末了,比如说赌了 50 次,这时他手中的牌数不一定正好与开始时一样多,但应该是差不多的。也就是说他赌赢赌输的概率是相等的,规则并没有对任何人更有利或更不利。

"赌徒的谬误"是心理学中的一个术语,是一种错误的信念,以为一个事件发生的概率与之前发生的事件有关,会随着之前没有发生该事件的次数而上升。如重复抛一个硬币,而连续多次抛出反面朝上,赌徒可能错误地认为,下一次抛出正面的机会会较大。

"赌徒的谬误"是生活中常见的一种不合逻辑的推理方式,认为一系列事件的结果都在某种程度上隐含了自相关的关系,即如果事件 A 的结果影响到事件 B,或者说 B 是"依赖"于 A 的。例如,一晚上手气不好的赌徒总认为再过几把之后就会风水轮流转,幸运降临。相反的例子,连续的好天气让人担心周末天气可能会变坏。"赌徒的谬误"也指相信某一个特定的结果由于最近已发生了("运气用尽了")或最近没有发生("交霉运"),再发生的机会会较低。

事件的独立性

如果事件 A 的结果影响到事件 B,那么就说 B 是"依赖"于 A 的。例如,你在明天穿雨衣的概率依赖于明天是否下雨的概率。在日常生活中说的"彼此没有关系"的事件称为"独立"事件。你明天穿雨衣的概率和美国总统明天早餐吃鸡蛋的概率是无关的。

大多数人很难相信一个独立事件的概率由于某种原因会不受临近的同类独立事件的影响。

例如,有人发生了一件概率极小的事件,马上有人会说,赶紧去买彩票。

第一次世界大战期间,前线的战士要找新的弹坑藏身。他们确信老的弹坑比较危险,认为炮弹命中老弹坑的可能性较大。因为,看起来不大可能两个炮弹一个接一个都落在同一点,这样他们就自认为新弹坑在一段时间内将会安全一些。事实上,炮弹是没有记忆的,落在哪里的概率是没有区别的。躲在新弹坑里的士兵并不比躲在老弹坑里的士兵更安全。

有一个故事讲的是很多年前有一个人坐飞机到处旅行。他担心可能哪一天会有一个旅客带着炸弹上飞机。他知道一架飞机上有人带炸弹的概率是很小的,他又进一步推论,一架飞机上同时有两个旅客带炸弹是概率更小的事。于是他就总是在他的公文包中带一枚卸了火药的炸弹。事实上，他自己带的炸弹不会影响其他旅客携带炸弹的概率，这种想法无非是以为一个硬币扔出的正反面会影响另一个硬币的正反面的另一种形式而已。

用概率判生死：法庭上的数学证据

如果你在概率这门课程考试时做错了一道题，会有什么不堪设想的严重后果？自然是没有的，最多也就是考试挂科，补考重修而已。可是对于法庭上戴着假发的法官来说，概率没算好可以让无辜的人进牢狱，让真正的罪犯逍遥法外。听起来似乎难以想象，但这样的事情真的发生过。

在 17 世纪，一些法学家开始对概率感兴趣，特别是对与他们称之为证言可信性问题有关的概率。这大概是概率论与诉讼的初次交集，但这些最初的火花并未形成燎原之势，直至 1968 年柯林斯案发生。

洛杉矶抢劫案

柯林斯案是 1968 年美国加利福尼亚州上诉法院审理的一起抢劫案：一天中午，一位老太太从杂货店买了东西推着小车回家，途经一条小巷时，突然被一位冲过来的年轻女子推倒，等老太太醒过神来，发现自己身上的钱包已被偷走，而该女子已跳上一辆停在街角的轿车逃离现场。虽然老太太没有看清罪犯是什么样子，但是现场有不少目击者，他们提供了以下描述：该女子系金发白人，扎着马尾辫；驾车男子是黑人，既有络腮胡又有唇上胡须，驾驶一辆局部黄色的轿车。

警方凭据目击者描述的嫌疑犯特征，几天后逮捕了柯林斯夫妇，因为他们符合以上所有特征。可是在法庭上，目击者中并没有人能够清晰地指认出罪犯,因此检控方很难将 2 人治罪。于是检察官们想出了一个"新颖的方法"。他们把目击证人说出的几条主要特征列了出来,并在庭审中提供了洛杉矶地区的统计数据:(1)金发女子约占 1/3;(2)扎着马尾辫的女子约占 1/10;(3)蓄着络腮胡子的黑人男性约占 1/10;(4)唇上有胡须的男人约占 1/4;(5)有车的种族通婚夫妇约占 1/1000;(6)局部黄色的汽车约占 1/10。

检察官找来一位"数学专业人士",计算了在整个洛杉矶地区符合上述各条特征的夫妇存在的概率,这位"数学专业人士"认为最后的概率应该是 6 个概率值乘到一起,结果就是 1/12000000。检察官据此告知陪审团,如此小的概率很难发生,附近地区很难再找到另外一对 6 项特征全部符合的夫妇,所以这对嫌疑人一定是罪犯。陪审团最终采纳了检方的意见,判定这对夫妇抢劫罪成立。

可是后来加州高等法院驳回了这个判决,他们认为检方使用概率作为证据的方式是错误的。

首先,概率乘法公式 $P(ABC)=P(A)P(B)P(C)$ 成立的前提是 A,B,C 必须是相互独立的事件,可是目击者提供的那些特征并不相互独立,比如留八字胡的男性和留络腮胡的男性这两项,"男性"这个信息是重叠的,而喜欢留胡子的人往往两个位置都会留胡子,两个特征高度关联,同时发生的概率远远大于两个概率相乘。马尾辫女子和金发女子也是同样的道理。这样的话,正确的概率可能会是 1/12000000 的很多倍,并没有那么低。

退一步说,假定概率真的是 1/12000000,以案发附近地区有400 万人计算,超过一对夫妇符合目击者全部特征的概率超过30%,也就是说,仅仅根据 1/12000000 的概率就判定这对夫妇是唯一的也没有道理。

虽然以上数据和算法最终并未被法院采纳,并且当即遭到一些统计学家的反驳。但柯林斯案却在英美法系国家掀起了一场关于法律与概率问题的研讨热潮。

关于概率论能否在诉讼中使用,以及如何使用等问题,众说纷纭,意见不一。

母亲杀子案

无独有偶,1999 年,英国也有一次类似的"概率定罪"的案件。一个叫 Sally Clark 的妇女第一个孩子出生几个星期之后离奇死亡,医生查不出其他病因,只诊断为一种叫 SIDS(婴儿猝死综合征)的罕见疾病。随后 Clark 再次怀孕,第 2 个孩子也在出生几个星期后死亡,原因再次被诊断为 SIDS。这件事引起了警方的怀疑,警方认为 2 个孩子有可能是"被猝死"的,于是将 Clark 逮捕。

在法庭上,检方引用医生的证明,声称 SIDS 这种病发病率很低,而且不是遗传病,所以可以把两个孩子得 SIDS 死亡看作独立事件,相乘之后的概率只有 1/73000000。和加利福尼亚州劫案类似,概率在这里再次被当作一个关键证据。检方以此说服了陪审团,法庭最后认为两个孩子连续得这种突发罕见疾病的概率很低,很难发生,Clark 杀死孩子的罪行应该成立。Clark 被送入监狱。

和上一个故事的结局一样,这个判决后来也被推翻了,Clark 被无罪释放。

我们不妨来看看检方的观点。他们认为两个孩子都死于 SIDS 的概率为 1/73000000,那么,Clark 杀了两个孩子的概率为 1－1/73000000＝72999999/73000000,几乎是铁定的事实。

但是,检方疏忽了一个非常关键的事实,那就是上面这个推理只有在"两个孩子都死于 SIDS"和"Clark 杀了孩子"这两个事件互为逆事件时才成立。事实上,除了这两种情况外还有其他可能,检

神奇的数学

方并不能完全排除。

英国皇家统计学会后来指出,真要计算的话,一位母亲连续杀死自己两个亲骨肉这样极其变态行为发生的可能性同样是极低的,甚至低于两个孩子都死于 SIDS 病的可能性。在判断概率的时候,不能只看"两个孩子都死于 SIDS"概率有多小,还要和"母亲连续杀死两个孩子"的概率做相对比较。最后上诉的一方凭借更加全面的解释和一些新证据(比如第二个孩子可能受过细菌感染,有可能既不是死于 SIDS,也不是被杀)成功地为 Clark 洗脱了罪名。

辛普森案

第三个案件是美国的 1994 年到 1995 年的辛普森案件。辛普森是当时美国著名的橄榄球明星,因为涉嫌杀害自己的妻子被起诉,引起轩然大波。当时估计全美有 1 亿人看了对这个案件的电视转播。腰缠万贯的辛普森花高价聘请"梦幻组合律师团"为自己辩护,其中包括哈佛大学法学院的教授阿兰。作为一位百战百胜的律师,阿兰在这个案件中作为辩方一员再次大显身手。

本来警方在案件现场收集到了很多证据,包括带血的手套、血迹、现场 DNA 检验。为了证实辛普森是有意图杀害自己妻子的,警方还特意收集了大量辛普森长期殴打虐待妻子的证据。似乎辛普森难逃被定罪服法的命运,可是辩护律师们通过各种方法一一化解掉了检方的所有证据,护律师团还宣称洛杉矶警察局有其他失职行为(其中有华人神探李昌钰提供的关键证据)。在经历了长达 9 个月的审判后,辛普森被宣判无罪。

在 9 个月的马拉松式审判中,有一个用概率来辩护的小插曲。就是在对于虐待妻子这一条上,大律师阿兰用概率的方法在法庭上辩解,"美国每年有 400 万妇女被丈夫或男友殴打,可是美国每年只有 1432 名妇女被丈夫杀死,这样说明了那些长期虐待妻子的男人最后出手杀人的概率也就约 1/2500,检方的说法不靠谱"。阿兰的辩词听起来似乎挺有道理,检察官一时"反应不过来",提不出好的理由进行反驳。

可是从概率的角度看,阿兰的辩词只是狡辩而已。我们定义事件 A 是一个美国人虐待了妻子,事件 B 是一个美国人杀了妻子。在事先没有任何给定信息的前提下,阿兰律师估计的条件概率是 $P(B|A)=1/2500$。

但现实是,事件 A 已经发生,辛普森确实虐待了妻子,概率为 1。他的妻子被杀的事情也已经发生,只是不清楚谁是凶手。$P(B|A)$ 中 A,B 真正的定义应该是:

1. 一个人虐待了妻子并且妻子被杀。

2. 凶手正是这个人。

根据资料,$P(B|A)$ 可以达到 90% 之高,也就是说在所有遭到谋杀的被虐美国妻子中,90% 是被施虐者杀害的。不过在庭审的时候,检方并没有能及时提出这个论点,不幸让阿兰律师的诡辩得逞。

荷一护士被控谋杀案纪实

先看一则 2002 年的报道。东方网 9 月 18 日消息:荷兰"黑心天使"露丝·德伯克 17 日在海牙出庭受审。这位 40 岁的护士被控在 4 年多时间里谋杀了 13 人,其中包括联合国审判前南斯拉夫战犯国际法庭首任中国法官李浩培。

死在德伯克手下的既有上了年纪的养老金领取者,也有哺乳中的婴儿。检方指控说,从 1997 年 2 月到 2001 年 9 月间,德伯克先后供职于海牙 3 家医院,其间她给所照顾的病人注射含钾的药物和吗啡,致使 13 人死亡。另外,她还企图谋杀另外 5 名病人。

自去年 12 月被捕以来,德伯克一直对杀人指控保持沉默。主审法官让娜·卡尔克直截了当地问道:"你坚持说没有杀过人吗?"德伯克肯定地点了点头。荷兰媒体报道说,尸检结果未能决定性地证明德伯克所照看的病人系被毒害。在庭审期间,检方将主要依赖旁证。

据报道,德伯克谋杀案听证会将持续到下周一,判决有望于下月做出。检方还将请出另外两名重要证人——美国联邦调查局一名研究连环杀人案的专家和一名专门研究概率的数学家。这位数学家将做证说,一名护士当班期间偶然遇到如此多的病人死亡的概率是非常小的。

到了 2003 年,法庭认定她犯有 7 起谋杀案及 3 起未遂谋杀案,判处她终身监禁。德伯克因此被媒体称为"死亡天使"。

峰回路转,事情过去 7 年后,案情有了戏剧性的变化。再看一则 2010 年的报道:据《荷兰消息报》、美联社等 4 月 14 日报道,因"犯下"7 起谋杀案而被媒体称为"死亡天使"的荷兰护士露西·德伯克,在度过 7 年牢狱生活后重获自由。荷兰最高法院的判决称,因证据不足,德伯克得以无罪释放。

这起案件成为荷兰司法史上最严重的一起错案。荷兰司法部门及检察部门的负责人向德伯克道歉,并称将对她进行赔偿。

美国得克萨斯州胡斯顿大学毒物学教授达斯古普塔称,这起案件从头到尾都缺乏毒物学证据,就此匆忙定案是不严谨的。

当初犯罪心理学专家艾尔菲斯测算出的患者自然死亡概率,也引起了很大争议。英国剑桥大学统计学教授菲利普·戴维不客气地指出,艾尔菲斯得出的这一数字"犯了一个大错误"。"他(指艾尔菲斯)在测算时,没有对警方提供的数据刨根问底,没有问这些数据是否准确,这种做法在统计学中很不专业;即使警方提供的数据是正确的,他也只是简单地进行了测算与估计,很不严谨;即使这些测算与估计是准确的,他也不知道该如何对公众解释这一概率。"

前不久,国内也发生了一件与概率有关的案件,嫌疑人在法庭上用概率提出质疑,还确切地给出数字,以反驳公诉人提供的证据。

2013年9月,南昌大学原校长周文斌因涉嫌受贿、挪用公款,被免去南昌大学校长职务,并被刑事拘留。周文斌的两名辩护律师之一朱明勇在微博上称,在庭审时,周文斌曾利用概率论与数理统计、排列组合、误差分析等理论,计算出了行贿人与受贿人供述的绝对、相对误差,演算出了案件证据为假的结果,并自创案件证据评价表,用来测算证据真实性,来论证公诉人证据的"荒谬"。

法庭对周的"概率辩护"并未采纳。经过马拉松式的诉讼程序,2015年12月29日,江西省南昌市中院对南昌大学原校长周文斌涉嫌受贿、挪用公款罪一案做出一审宣判,数罪并罚判处其无期徒刑,剥夺政治权利终身,并处没收个人全部财产。

引入概率论等数学理论进行事实认定,是一个极具诱惑性的课题。诉讼能否引入概率论? 概率论能在诉讼中发挥什么作用? 关于这些问题法学界至今未有定论。有赞成的,也有反对的;赞成者又因适用何种概率论而产生分歧,形成不同的派别。从英美法系国家的经验来看,关于数字审判的研究成果并不乐观,而且也没有引起实务界的重视。值得一提的是,在英美法系国家的法律实务界,法官和律师们自柯林斯案以后,对概率论未表现出任何兴趣,他们对学术界的争锋似乎也从不关心。

其实,即使像司法鉴定中普遍使用的 DNA 证据,也只是一个概率证据,虽然 DNA 证据的证明力并不薄弱,但其作为一种鉴定结论,只有其他的证据支撑其结论的真实性,才能够防止被过分夸大甚至迷信其证明力。其他如指纹证据、笔迹证据和电子证据等,更是只能作为补强证据的概率证据,而不能作为实物证据。目前,一些专家学者正在尝试为其他同一认定证据建立数据库,构建概率模型,其目的就是运用概率论对科学证据进行解释。

德国教育家赫尔巴特说过一段耐人寻味的话:"数学是我们这个时代有势力的科学,它不声不响地扩大它所征服的领域;那些不用数学为自己服务的人将会发现数学被别人用来反对自己。"

小概率事件与墨菲定律

你是否曾经或正在疑惑自己是"世界上最倒霉的人"——今天轮到你值日,本想早点起床,碰巧你的两个闹钟都没有响起;想骑电瓶车赶路,却发现车胎破了;想去打车,平时路上空跑的出租车无数,偏偏这一会儿,全是有客;好不容易赶到学校,发现今天必须要交的作业本忘了拿……这类现象就是通常说的"墨菲定律":"如果坏事有可能发生,不管这种可能性有多小,它总会发生,并引起最大可能的损失。"

爱德华·墨菲(Edward A. Murphy)是美国爱德华兹空军基地的上尉工程师。1949 年,他参加的一次火箭减速超重实验因仪器失灵发生了事故。这个实验是为了测定人类对加速度的承受极限,其中有一个实验项目是将 16 个火箭加速度计悬空装置在受试者上方。不可思议的是,这 16 个加速度计竟然被全部装在了错误的位置上。由此,墨菲开了一句玩笑:"如果有一件事情有可能被弄糟,让他去做就一定会弄糟。"

这句话在几天后的记者招待会上被人引用,随后在社会上流传开来,并被人们引申成多种版本,诸如:"如果有两种或两种以上的选择,而其中一种将导致灾难,则必定有人会做出这种选择";"凡事可能出岔子,就一定会出岔子";"你越清楚厄运的危害,你越不知道它何时降临";"越怕出事,越会出事"……

在生活中,我们总会遇到很多问题,让大家惊讶于巧合带来的心理冲击,你是否曾想过这些巧合其实有迹可循。并不只有我们,每天,我们,他们,大家都会遇到,这些问题的现象被称为"墨菲定律"。

你一定有以下这些经历:在超市结账,你发现另一队的动作总是比较快,你换过去的时候,发现原来的那一队开始快起来了,你站得越久越发现站错了队;你叫了快递上门取件,这一天甭想出门,待在家里等快递收件,快递迟迟不到,刚出门,快递员会打电话说已在门口了;等公交车很久都没来,你刚走,车就来了;看电影时你出去上厕所的时候,银幕上偏偏就出现了精彩镜头;你骑电瓶车出门,天开始下雨,你犹豫着要不要停下来穿雨衣,你只要不穿,雨就会越来越大,而一旦你停下来穿好雨衣,雨马上就停了;一样东西放了很多年都没用到,刚刚搞卫生丢掉,就碰到必须要用它……

糟糕的事,总会发生,不管这种可能性多么小,它总会击中你最脆弱的一环,并且造成最大的麻烦。这就是著名的"墨菲定律"。

"墨菲定律"(Murphy's Law)的主要内容有 4 个方面:(1)任何事都没有表面看起来那么简单;(2)所有的事都会比你预计的时间长;(3)会出错的事总会出错;(4)如果你担心某种情况发生,那么它就更有可能发生。"墨菲定律"的根本内容是:"凡事只要有可能出错,那就一定会出错。"

"墨菲定律"的适用范围非常广泛,它揭示了一种独特的社会及自然现象。它的极端表述是:如果坏事有可能发生,不管这种可能性有多小,它总会发生,并造成最大可能的破坏。定律中说的"可能性有多小",就是指"小概率事件"。

其实,小概率事件每天每时每刻都在发生。例如:说好听的,你买彩票中了 500 万元绝对是小概率事件;说不好听的,如飞机被公认为是世界上最安全的交通工具,一般没有事故,但一旦发生事故,后果相当严重;或者,有人在广场上张嘴打哈欠,一滴鸟屎不偏不倚掉进嘴里……对于全世界,任何事件似乎都是必然的。但对于个体来说,很多看上去几乎没有可能发生的事件,突然有一天却成了必然要发生于他(她)的事件,于是,小概率事件终成必然事件。

在我们的周围,经常听到有人说:"不要心存侥幸,不怕一万就怕万一。"其实说的就是不要小看小概率事件,例如闯红灯、黄灯,一个人可能乱闯 5 年、10 年都没事,但突然有一天再闯灯的时候,可能就摊上大事儿了。那些买彩票的,面对概率无限接近于 0 的中大奖概率,何尝不是"心存侥幸,不怕一万就怕万一",是啊,万一中了呢?

自然界就是这样,充满了随机事件,偶然的未必都是小概率事件,小概率事件都是偶然的,但是,必然的是:小概率事件必然发生,充满了宿命的数学命题。此外,小概率事件与必然事件之间并不绝对对立,在一定条件下会相互转换。中国跳水队是世界公认的梦之队,每一位队员人手一本《墨菲定律》。这件事实的潜台词是:获得奥运冠军是小概率事件,但通过天赋加勤奋加科学,就会变成必然事件。

"小概率事件必然发生"给人们的启示,不是让人们整天患得患失、杞人忧天,而是要让人们知道,世间万事万物充满变数,道理最接近于那句"一切皆有可能"。我们的生活,充满了好事与坏事,小概率的坏事与小概率的好事都在伴随我们,愿我们都用积极向上的心态,去努力,去面对必然发生的好事吧。

"墨菲定律"诞生于 20 世纪中叶,这正是一个经济飞速发展,科技不断进步,人类真正成为世界主宰的时代。在这个时代,处处弥漫着乐观主义精神。人类取得了对自然、对疾病以及其他的胜利,并将不断扩大优势;我们不但飞上了天空,而且飞向了太空……我们能够随心所欲地改造世界的面貌,这一切似乎昭示着一切问题都是可以解决的。无论是怎样的困难和挑战,我们总能找到一种办法或模式战而胜之。

半个多世纪以来,"墨菲定律"曾经搅得人们心神不宁,它提醒我们:我们解决问题的手段越高明,我们将要面临的麻烦就越严重。事故照旧还会发生,永远会发生。容易犯错误是人类与生俱来的,人永远也不可能成为上帝,当你妄自尊大时,"墨菲定理"会让你知道厉害;相反,如果你承认自己的无知,"墨菲定律"会帮助你做得更严密些。"墨菲定律"的内容并不复杂,道理也不深奥,关键在于它揭示了人们为什么不能忽视小概率事件的科学道理。"墨菲定律"忠告人们:容易犯错误是人类与生俱来的弱点,不论科技多发达,事故都会发生;而且我们解决问题的手段越高明,面临的麻烦就越严重。面对人类的自身缺陷,我们最好还是想得更周到、全面一些,采取多种保险措施,防止偶然发生的人为失误导致的灾难和损失。归根到底,"错误"与我们一样,都是这个世界的一部分,狂妄自大只会使我们自讨苦吃,墨菲不偏爱心存侥幸的人。我们必须学会如何接受错误,并不断从中学习成功的经验。如果真的发生不幸或者造成损失,就要坦然面对,关键在于总结所犯的错误,而不是企图掩盖它。

2003年美国"哥伦比亚"号航天飞机即将返回地面时,在美国得克萨斯州中部地区上空解体,机上6名美国宇航员以及首位进入太空的以色列宇航员拉蒙全部遇难。"哥伦比亚"号航天飞机失事也印证了墨菲定律。如此复杂的系统是一定要出事的,不是今天,就是明天。一次事故之后,人们总是要积极寻找事故原因,以防止下一次事故,这是人的一般理性都能够理解的,否则,如果从此放弃航天事业,或者就听任下一次事故再次发生,这都不是一个国家应有的态度。

俗话说"常在河边走,焉能不湿鞋","福无双至,祸不单行"。如彩票,连着几期没大奖,最后必定滚出一个千万大奖来,灾祸发生的概率虽然也很小,但累积到一定程度,也会从最薄弱的环节爆发。所以关键是要平时清扫死角,消除安全隐患,降低事故概率。

从哲学意义上看,对"墨菲定律"的态度有两种:懦夫把它当作借口——差错难免,无力回天;而强者则把它当作警钟——时刻警惕,杜绝后患。美国学者爱德华·特纳在《技术的报复——墨菲法则和事与愿违》一书中写道:"墨菲法则并非失败主义听天由命的原则,它要唤醒人们的警觉,并做适应性的改变。"

那么,如何打破"墨菲定律"的"魔咒"呢?

"墨菲定律"不应该被视为科学定律,而应该被看作一种心理学定律。墨菲定律主张的"越怕出事,越会出事",在心理学上有一定根据,即负面心理暗示会对人的心态及行为造成不良影响,如果人们常被这种心态侵扰,人为发生事故的"小概率"很可能立即无条件变成"大概率"。比如,当一个高尔夫球手击球前一再告诉自己"不要把球打进水里"时,其大脑往往会出现"球掉进水里"的图像,并暗示他向着其恐惧的方向行动。要打破墨菲定律的"诅咒",就要有坚定的自信,稳定的心态,积极的心理暗示,以肯定式的语言做表述,对自卑感等负面情绪或不良念头采取零容忍策略,一旦察觉立即打消。即便遭遇挫折,也要有"谋事在人,成事在天"的觉悟,充分发挥自身潜力勇敢应对,自信积极,正面暗示,始终以正面、阳光的心态面对生活。

"墨菲定律"告诫我们,不能忽视小概率危险事件。由于小概率事件在一次实验或活动中发生的可能性很小,因此,就给人们一种错误的理解,即在一次活动中不会发生。与事实相反,正是由于这种错觉,麻痹了人们的安全意识,加大了事故发生的可能性,其结果是事故可能频繁发生。譬如,中国运载火箭每个零件的可靠度均在0.9999以上,即发生故障的可能性均在万分之一以下,可是在1996年、1997年两年中却频繁地出现发射失败,虽然原因是复杂的,但这不能不说明小概率事件也会常发生的客观事实。综观无数的大小事故原因,可以得出结论:"认为小概率事件不会发生"是导致侥幸心理和麻痹大意思想的根本原因。"墨菲定律"正是从强调小概率事件的重要性的角度明确指出:虽然危险事件发生的概率很小,但在一次实验(或活动)中,仍可能发生,因此,不能忽视,必须引起高度重视。

"墨菲定律"还给我们启示:侥幸心理是一种不想遵循客观规律、只想依靠机会或运气等偶然因素实现成功愿望或消灾免难的心理。它使得人们投机取巧、明知故犯、不讲因果、不守规则,变得懒惰懈怠、好走捷径。因其只依赖偶然因素,所以它必然不遵循因果规律,轻视或放纵隐患,在现实中往往如墨菲定律预言的那样事与愿违,就如同妄想一夜暴富的赌徒,其失败往往是必然的,即便侥幸成功,往往也只是昙花一现。治疗这种侥幸心理的有效方法,就是安分守己、坚守正道、未雨绸缪、周密计划,不图侥幸,坚信辛勤的付出终会收获丰硕的成果。

这里给大家推荐一本书——《墨菲定律》,作者是美国的阿瑟·布洛赫,总共介绍了墨菲定律、蘑菇定律、马太效应、二八法则、破窗效应、彼得原理、帕金森定律、吸引力法则、羊群效应、蝴蝶效应等100多个最经典的人生定律、法则、效应,其中"墨菲定律""帕金森定理"和"彼得原理"并称为20世纪西方文化三大发现。在简单地介绍了每个定律或法则的来源和基本理论后,就如何运用其解释人生中的现象并指导我们的工作和生活等进行了重点阐述,是一部可以启迪智慧、改变命运的人生枕边书。这些定律、法则、效应风靡全世界，是成功人士所必知的。只要认真阅读《墨菲定律》，相信你一定会有所收获。你也可以利用这些神奇的定律和法则来驾驭你的一生，改变你的命运。

记者也要懂点数学

如果说做一个科学家或工程师,必须掌握相当的数学知识,恐怕大家不会有意见,但有些文科领域,比如新闻记者,还要不要学数学? 有一位知名文人的意见是学到初一就可以了,潜台词就是学到一元一次方程就行了,没必要学太多更高深的数学,生活上会算算收支账就行,工作上更用不到。甚至有一位文史专家直言,文科生不需要学数学,他用一则寓言打比方,"一个人千辛万苦学会了屠龙的本领,但其实龙在日常生活中是不存在的,这门手艺白学了"。

持有这种观点的人不在少数,听起来似乎也有些道理。文科生到底有没有必要学点数学,这个话题太大,本文不想展开,下面提供 3 个实际的案例,相信你看了以后,会有自己的判断。

新闻记者除了要有良知和写作能力,还需要对社会事件背后的真相有基本的判断能力,离开数学,会怎么样呢?

案例一。有个婴儿吃了某款奶粉后突发急病死亡,家人气急攻心要状告奶粉厂,而奶粉厂却高调坚称奶粉没有问题。如果你是一个有良知不畏强权的新闻记者,是否有股对这个黑心奶粉厂口诛笔伐并将之搞垮的冲动呢?

且慢,不妨先做道算术题:假设该奶粉对婴儿有万分之一的致死率,同时有 100 万婴儿使用这款奶粉,那就应该有约 100 名婴儿中招,但事实上称使用该奶粉后死亡的投诉却远远没有 100 个。

再假设只有这个婴儿真的是被该奶粉毒死的,那该奶粉的致死率就会低至 100 万分之一。

请你再估计一个数据：一个婴儿因奶粉之外的原因，如生病、护理不当等而夭折的可能性有多少？

鉴于现在的医学进步，不妨给出个超低的万分之一数据吧，基于以上的算术分析，答案已经揭晓了，即此婴儿死于奶粉原因的可能性，是死于非奶粉可能性的 1/100。

若你不做深入的调查研究，仅靠吃完奶粉后死亡这个时间先后关系，就推理出孩子是被奶粉毒死的这个因果关系，从而将矛头指向奶粉厂，那你就有约 99% 的可能性犯了错。

案例二。假定有一种稀有病，谁得了就必死无疑，但好在平均 10 万人里只有 1 人会得。再假定医院有一种方法可以筛查此病，且方法非常可靠，准确率为 99%。

问题来了，在一次对 10 万人进行该病的筛查过程中，你消息灵通居然打听出来有个大人物被查出阳性了。

你是一个急于想出名的记者，感觉机会来了。你这样想："误诊率不过 1%，看来他有 99% 的可能性要马上挂掉了，这消息太猛了，抢先发布这条大新闻，我马上就可以出名了！"

且慢，误诊分假阳性和假阴性，你搞错算法了。

这样想，这 10 万人中约有 99999 名是没得这个病的，由于误诊率为 1%，所以医院会从这 10 万人里查出约 1000 个阳性来，但其中约有 999 个是没病的，真正有病的那个人恰好是你所关注的那个大人物的可能性，不过只有约 1/1000 的可能性。

这是基础概率极端不平衡时产生的反直觉现象，本来你以为会以 99% 的可能性出了名，而实际上会以 99.9% 的可能性出了丑。

案例三。有个爱好地震预报的"民间科学家"，发现某地有大批蛤蟆搬家,根据地震前确有蛤蟆迁移的许多事实,他到地震预报局等部门去提出警告,但人家对他置之不理。气愤之余,这个"民间科学家"找到了你,希望你这个记者为他说话。你被他提供的这些数据震惊了,对他的"蛤蟆迁移预报地震学说"受到的打压感到气愤,决心要为他伸张正义,揭开科普界打压民族创新理论的黑盖子。

且慢,不妨再做道概率题。

设蛤蟆搬家的概率为 $P(A)$,发生地震的概率为 $P(B)$,已经发生地震了,事后发现震前确有蛤蟆搬家现象是一个条件概率 $P(A|B)$,蛤蟆搬家后会发生地震的条件概率是 $P(B|A)$。可以发现,我们要根据蛤蟆搬家来预测地震的话,关注的是条件概率 $P(B|A)$,而不是 $P(A|B)$。

$P(B|A)$ 与 $P(A|B)$ 两者可以通过条件概率公式来画上等号,即:$P(B|A) \times P(A) = P(A|B) \times P(B)$。

根据常识我们知道,像唐山和汶川那样的大地震发生的概率是非常低的,但全国蛤蟆搬家的概率却非常高,即 $P(A)$ 极高,而 $P(B)$ 极低,这两者的差距是非常大的。因此,即使 $P(A|B)$ 的概率并不算很低,根据上面的等式,$P(B|A)$ 也会非常非常低,即蛤蟆迁移后会发生地震的概率也会非常非常低。

不妨做一个合理的假设,50 年内国内发生大地震的次数为 5,全国各地在 50 年内发生蛤蟆搬家的次数为 5 万,因为有很多蛤蟆迁移的事件并没有报道,这个估值并不过分。我们再做个照顾"民间科学家"的假设,即地震后一定会发现之前有蛤蟆搬家现象,即 $P(A|B)=1$,那 $P(B|A)=P(B) / P(A)=5/50000=1/10000$,即蛤蟆搬家后会发生地震的概率约为万分之一。

由此可见,即使地震后发现之前确有蛤蟆搬家的事件发生,也不能支持"蛤蟆搬家后会有地震发生"这个论断,因为这种概率小到了只有万分之一,不比瞎蒙准确多少。你本想仗义执言,揭开科普界的黑幕,结果却因为不懂得基本的概率知识,以 99.99% 的不可能性闹了笑话。

　　以上 3 个案例说明了一个问题,记者仅凭良知和写作能力是远远不够的,如果不学点数学,即使在报道一些貌似与数学无关的社会事件时,也很可能犯错、出丑,甚至闹笑话。

　　前面已说过,"概率是人生的真正指南"。不懂概率,往往会失去正确的判断力,而对一个新闻记者来说,不懂概率,或者不懂数学,有时会引起严重后果。即使仅仅为了职业生涯,记者朋友们也应该学点数学,真心尊重和重视数学,提高自己的科学素养。

生活中的统计学

与概率论密切相关的一门学科是"统计学",概率论是统计学的基石。可以这样说,概率论是对原理的讨论,统计学是对方法的讨论。

提到统计学,可能我们脑海中浮现出的就是那些坐在证券交易所里面对着电脑屏幕里面密密麻麻的数据进行分析处理的那些交易员们的忙碌场景,也可能是那些 IT 精英或金融界人士的工作场景。诚然,这些场所接触的数据是非常庞大而且烦琐的,所以统计学相关的知识是从事这些行业的人所必备的。那么,我们普通老百姓有没有必要学习统计学呢? 这个问题显然是肯定的,因为我们的日常生活中处处都离不开数据分析的身影,例如买东西网上购物货比三家、买股票、买理财产品等,都需要对数据进行整理分析。

统计学是一门科学,它是一项收集、整理和显示数字资料及相关事实,并对其进行分析的活动。它广泛应用于自然和社会科学,帮助我们认识事物的发展规律,对事物的发展做出推断或预测,为决策和行动提供依据和建议。统计学在社会生活中起着不可估量的作用。统计学与我们的生活甚至人生密切相关。人生的不确定性,前程的随机性,如果我们用统计的思维和哲理去诠释人生和事物,生活会变得更加丰富多彩、起伏跌宕而又有迹可循、有据可依,对我们好好把握人生、走向成功大有裨益。

那么,统计学可以解决什么问题呢? 那可是太多了。例如,在日常生活中,如果电脑的价格比上一年下降了 2000 元,而肉价却上涨了 3 元,我们就会考虑,全家的生活支出是减少了还是增加了? 当我们把钱存入银行并获得一定利息时,银行利息是否抵得上物价上涨? 如果去买股票或理财产品,对风险如何估计? 这些问题,统计学都可以为你一一解答。

统计学是一门处理数据的学科,即统计离不开数据。统计学研究通过收集、整理和分析数据,对考察的问题做出推断或预测,为科学决策提供依据和建议。

通过数据来研究规律、发现规律,贯穿了人类社会发展的始终。人类科学发展史上的不少进步都和数据采集分析直接相关,例如现代医学流行病学的开端。伦敦 1854 年发生了大规模的霍乱,很长时间没有办法控制。一位医师用标点地图的方法研究了当地水井分布和霍乱患者分布之间的关系,发现有一口水井周围,霍乱患病率明显较高,借此找到了霍乱暴发的原因:一口被污染的水井。关闭这口水井之后,霍乱的发病率明显下降。这种方法,充分展示了数据的力量。

统计推断的第一步,是获取样本数据。

大家都听说过抽样调查,但是如何运用好抽样调查? 怎样了解其内涵?

抽样调查方法的应用十分广泛,它是统计调查最主要的方法。抽样调查选中的人或事物,在统计术语中叫作"样本"。生活中涉及抽样调查的例子比比皆是。从发展历史上看,统计学是一门既古老又崭新的学科。远古时代结绳记数的办法,正是原始统计学的起源和萌芽。当今社会的数据挖掘、信息处理、大数据分析……都说明统计科学在不断发展。统计学的运用也广泛涉及我们生活、工作的各个领域。中国有一句成语说:"窥一斑而知全豹"。

"一斑"即局部,"全豹"即整体。用统计学的术语解释,即通过样本数据的调查分析来推断总体(整体)。

举一个非常直观的例子:一个家庭主妇在煮饺子,孩子着急要吃,母亲在孩子吃饺子之前尝了一个,以此推断饺子是否煮熟了。孩子边吃边问:"妈妈,你只尝了一个怎么就知道都熟了?"母亲开玩笑地说:"我都尝光了,你吃什么?"

抽样的关键是要"随机",随机不是随便。

假设我们为了解某大学的学生身高情况,选择中午十二点在第一学生餐厅门口进行抽样调查。结果刚好那个时候一群体育系的学生下课到第一学生餐厅用餐。于是抽样结果就会呈现出"该大学的学生身高高人一等"。由于我们的样本发生偏差,使得这个抽样结果的可信度大打折扣。此种方法只能说是一种随便的抽样方法。

再比如,我们想了解市民的平均休闲娱乐时间,站在某街口完成的调查问卷是否能反映市民的真实情况呢?

在这一街口附近有几所学校,人群中可能以学生、青少年为主,由此受访对象以休闲娱乐时间明显偏少的学生为主,调查结果的可信度也不高。

我们在进行随机抽样时,必须多方考虑,科学调查。科学调查是统计调查的根本。如果没有获得能够反映真实情况的数据,就会得到具有偏差的、违背事实甚至扭曲事实的结论。

"二战"后期,盟军派遣大批轰炸机空袭德国,但损失了很多飞机,盟军军方决定给飞机加厚装甲。为了尽量减少对飞行效率的影响,只能在最关键的部位加厚装甲。经统计发现,返航飞机上的弹孔分布得并不均匀,机身上的弹孔比引擎上的多。军方据此认为,机身受攻击概率较高,应该重点保护。

盟军中有一个专门做统计研究的小组,小组负责人瓦尔德给出一个预期之外的答案:需要加装装甲的地方不应该是弹孔较多的部位,相反,应该是弹孔较少的地方,也就是飞机的引擎。他的理由是:飞机各部分受到损坏的概率应该是均等的,但是引擎罩上的弹孔却比其余部位少,那些失踪的弹孔在哪儿呢?瓦尔德认为,这些弹孔应该在那些未能返航的飞机上。大量飞机在机身被打得千疮百孔的情况下仍能返回基地,说明机身可以经受住打击,因此无须加装装甲。

大家恍然大悟。于是给所有的轰炸机的引擎部位加强了装甲。果然大幅度降低了损失。

后来基于这个案例,此类现象被概括为"幸存者偏差"现象,也有人称之为"沉默的数据""死人不会说话"等,这是一种常见的逻辑谬误,意思是人们只能看到经过某种筛选而产生的结果,而没有意识到筛选的过程,因此忽略了被筛选掉的关键信息。

之所以产生偏差,是由于我们经常想当然地选择样本。比如媒体调查"喝葡萄酒的人长寿"。一般是调查了那些长寿的老人,发现其中很多人饮用葡萄酒。但还有更多经常饮用葡萄酒但不长寿的人已经死了,媒体根本不可能调查到他们。

再有,在投资理财类电视节目中,我们经常看到取得成功的投资者谈论其投资经验和方法,但观众往往会忽略了一个事实:采用同样经验和方法而投资失败的人是没有机会上电视的。

2000 多年前罗马的思想家西塞罗讲过一个故事:有人把一幅画给一位无神论者看,画上画着一群正在祈祷拜神的人,并告诉他,这些人在随后的沉船事故中都活了下来。无神论者淡淡一问:我想看看那些祈祷完被淹死的人的画像在哪儿。

以上事例说明,如果你想通过统计方法获得正确的推断,如何合理地获得样本数据至关重要。

统计推断的第二步,是得到科学合理的数据后,如何处理数据,从而做出科学分析和推断。方法是多种多样的。其中之一是编制各种"指数"。

平时我们经常能听到"指数"这个词。比如,消费者物价指数CPI与我们的日常生活密切相关。国家和地方政府每年要发布物价指数代表当年的物价水平。物价指数按用途不同,又分为商品零售物价指数、消费品物价指数,这些都与我们的日常支出息息相关。国家统计局会阶段性地给出 CPI 指数的指标,并向全社会公布。它反映的是日常消费总体上的通货膨胀水平。

比如,今年的 10 块钱与去年同期相比,是不是还值 10 块钱,也就是说,今年的 10 块钱还能不能买到去年 10 块钱所能买到的东西。再比如,去年这时候买一斤肉要花 10 块钱,今年就得花 13 块,因此,"x 月份的猪肉价格同比增长 30%"。所有的日常消费品,价格都时涨时落。那么,如何衡量总体物价水平?这就需要把日常的食品及卫生、医药、用品等消费,根据消费的一定比例形象地放到一个篮子里,然后计算这个篮子的所有商品价格的平均增长率。"CPI 同比上升 6.5%",意思就是在消费结构不变的情况下,今年买同样的商品比去年要贵 6.5%。

你可以编制自己的"学习成绩指数"。假如你第一学期 7 门课的总分刚好是 500 分。第二学期,650 分,分数是第一学期的130%;第三学期 600 分,是第一学期的 120%。以后每一学期都和第一学期的成绩对比,画成图表,就可以清楚看到,相对于第一期,你的成绩变化了的百分比。而这个变化了的百分比,就是你的成绩的总分指数。如果在第三学期,7 门课程增加到了 8 门,这时候,最好用平均分编写指数,如此可以增强可比性。

股市的股票指数,包括国内的上证综合指数、美国的纳斯达克指数等。看股市指数可以了解股票的投资价值及其价格变动的情况。我国上海证券交易所的上证指数正是这样一种"总分"指数。上海证券交易所于 1990 年 11 月 26 日成立那一天,所有股票的市场总价格设为 100 点。如果以后某一时刻是 1200 点,就是说相对于成立初期时,这一刻市场的总价值已经是那时的 12 倍。上证指数由成分股通过不同的板块、不同的行业选取一些成分指标参与计算而得出,它关心的是市场上所有股票的总价值。因此,即使不断有新的股票加进去,也不会影响到指数的衡量作用。而这其中便体现了科学的统计计算规律。

还有工业品价格指数、生产资料价格指数,它们直接影响工业,对我们的生活有着间接的影响。总之,指数反映总体状况的变化,我们需要"指数"。

另外,通过"相关系数"来研究相关性也是统计的重要方法。

例如,小儿麻痹症是一种基本上已经消失了的传染病。在发达国家以前的调查中,曾发现这种病症的发病率与饮料的销售量有很大关系,它们的相关系数高达 0.8。难道是饮料不卫生,使小儿麻痹症通过饮料传染?可是在生活水平相对较低的第三世界国家,市场上几乎没有饮料售卖,但发病率与发达国家却相差无几。这背后隐藏的因素是什么呢?通过统计分析发现,原来是温度在作怪!引起小儿麻痹症的病毒传染力随着气温的上升而增强,饮料的销售也和温度有着同样的关系,难怪饮料销售会与发病率同增长,原来它们两两之间具有很高的相关系数;但是,这并不意味着小儿麻痹症和饮料间有因果关系。

统计方法研究的是相关关系,而内蕴"因果相关"。因此,根据统计数据做决策必须小心再小心,谨慎再谨慎。否则,错误的结论是很容易得出的。

希腊的科学工作者研究发现，喝咖啡多的人更容易患心脏病。看看他们是怎么得出结论的：抽样一大群人，检查他们的心脏病致病因子，然后让被调查者写下自己喝咖啡的量。结果就得出了上面说的结论。显然这样做是轻率的。因为咖啡不一定是心脏病的直接关联致因。喝咖啡多的人具有什么特点？加班熬夜、工作量大等，这些因素难道不是更会导致心脏病吗？数据之间呈现相关关系并不代表他们本质上就是有内在的因果关系。

有人研究发现，阅读科学博客多的人，他的科学素养水平就越高。这两件事情之间是有相关的，但许多人可能就认为这两件事是有因果的。但其实可能是因为受到的教育程度越高，越愿意去阅读科学博客，所以科学素养比较高。所以很可能这两件事有共同的原因，很多时候大家会误把相关当成因果了。

曾有人研究鼻咽癌和粤语的关系，给出的结论说："广东人中常说粤语及移居国外仍常说粤语的人鼻咽癌患病率较高，所以说粤语会导致鼻咽癌发病率提高。"这个结论就是很明显地误把相关当成因果，说粤语的人的确容易患鼻咽癌，这两者的确是有相关性，但这之间不是因果，广东人说粤语同时爱吃槟榔，嚼食槟榔我们有明确的医学证据，在物理和化学因素上易患鼻咽癌。所以说粤语和得鼻咽癌是有相关性，但不是因果。

类似的例子还有很多。

统计资料表明。大多数汽车事故出在中等速度的行驶中，极少的事故是出在大于150km/h的行驶速度上的。这是否就意味着高速行驶比较安全？

答：绝不是这样。由于多数人是以中等速度开车，所以多数事故是出在中等速度的行驶中。

有人通过统计手段发现,在美国亚利桑那州死于肺结核的人比其他州的人多。这是否就意味着亚利桑那州的气候容易生肺病?

答:正好相反。亚利桑那州的气候对患肺病的人有好处,所以肺病患者纷纷前来,自然这就使这个州死于肺结核的平均数升高了。

有一个调查研究说脚大的孩子拼音比脚小的孩子好。这是否是说一个人脚的大小是他拼音能力的度量?

答:不是的。这个研究对象是一群年龄不等的孩子。它的结果实际上是因为年龄较大的孩子脚大些,他们当然比年幼的孩子拼得好些。

上述例子也许能启发大家找出其他一些统计论述的实例,证明统计学论述在联系到因果关系时很容易形成误解。现代的广告,尤其是很多电视的商业广告正是以这种统计误解来误导你。

在统计学中,有着各种各样的平均。比如简单平均、加权平均等。对于简单平均,人们常会进入误区。在统计调查中,即使样本本身具有代表性,如果我们对统计数据进行简单化处理,得出的结论也可能与实际情况相差甚远。

有两个笑话:有一个姓张的千万富翁,有9个邻居也姓张,但都是穷光蛋,平均起来算一算,结果个个都是张百万!

有人很讨厌"统计学家",有一天去抓了一个统计学家,把他绑在一张椅子上,把他的脚浸在一盆滚烫的水里,头顶搁一大块冰块,问他感觉如何,回答是"平均感觉良好"。

假设我们在大街上随便找到11个人,得到了他们月可支配收入的情况:前2人为200元,第3到第6人为300元,后4人依次为400、500、600和700元,最后1人高达5000元。如果我们将收集到的数据做简单平均,得出结果是这 11 个人平均月可支配收入为 800 元。假如该地区的贫困线是 700 元,只从平均数上看,我们会以为该地区的人基本都生活在贫困线以上,但实际情况却是,绝大多数人的生活水平都在贫困线以下。这 11 个人中,只有 1 个人的月可支配收入高于 800 元,而另外 10 人都低于 800 元。

通过以上事例我们可以发现,对统计数字进行简单的平均,并不一定能反映真实情况。所以,在进行统计调查数据分析时,我们要具体问题具体分析,避免进入此类误区。

那么,有什么正确的统计方法,可以消除这种简单平均误区呢? 上述案例中,用众数或中位数更能真实反映该地区人口的月可支配收入情况。

众数是指在数项上出现次数最多的值,比如在上例的统计数字中,300 元的人数最多,那么在这组数据中,众数就是 300 元。众数可以让我们了解到,这个地区月可支配收入处于哪一位置的人最多。

中位数指顺序排列的数项中位于中间项的值。在上面的数据中,第 6 个人月可支配收入是 300 元,因此中位数是 300 元。看到中位数,我们就知道这个地区中,大约有一半的人可支配收入在 300 元(含)以下,另一半的人收入在 300 元(含)以上。这样的统计结果才能更客观地反映实际。如果 700 元是贫困线,那么可以说,这个地区绝大部分人口的经济状况处在贫困线以下。

灵活运用众数和中位数进行数据处理和统计分析,能够使我们有效地避免进入简单平均数的误区。

统计学的术语和公式看似生疏,但在生活中它的道理无所不在。它不会要了你的命,但你若不了解它,就会不经意上了它的当。

近年来,"大数据"这个词越来越为大众所熟悉,那么,什么是"大数据"呢? 它有什么用呢?

最早提出"大数据"时代到来的是全球知名咨询公司麦肯锡,麦肯锡称:"数据,已经渗透到当今每一个行业和业务职能领域,成为重要的生产因素。" 现在的社会是一个高速发展的社会,科技发达,信息流通,人们之间的交流越来越密切,生活也越来越方便,大数据就是这个高科技时代的产物。

一个有趣的故事,是沃尔玛超市的"啤酒、尿布"现象。全球零售业巨头沃尔玛超市分析销售数据时发现,顾客消费单上和尿布一起出现次数最多的商品,竟然是啤酒。跟踪调查后发现,有不少年轻爸爸常常会在买尿布时,顺便买些啤酒来犒劳自己。沃尔玛发现这一规律后,尝试推出了将啤酒和尿布摆在一起的促销手段,没想到这个举措居然使尿布和啤酒的销量都大幅增加了。如今,"啤酒+尿布"的数据分析成果早已成了大数据技术应用的经典案例,被人津津乐道。

大数据时代,每个人都会"自发地"提供数据。我们的各种行为,如点击网页、使用手机、刷卡消费、观看电视、坐地铁出行、驾驶汽车,都会生成数据并被记录下来,我们的性别、职业、喜好、消费能力等信息,都会被商家从中挖掘出来,以分析商机。

再举一个成功利用"大数据"的案例:华尔街"德温特资本市场"公司首席执行官保罗·霍廷每天的工作之一,就是利用电脑程序分析全球 3.4 亿微博账户的留言,进而判断民众情绪,再以"1"到"50"进行打分。根据打分结果,霍廷再决定如何处理手中数以百万美元计的股票。霍廷的判断原则很简单:如果所有人似乎都高兴,那就买入;如果大家的焦虑情绪上升,那就抛售。这一招收效显著——当年第一季度,霍廷的公司获得了 7% 的收益率。当你正在把微博等社交平台当作抒情或者发议论的工具时，华尔街的敛财高手们却正在挖掘这些互联网的"数据财富"。

下面这个案例颇富有戏剧性，更值得人们深思。2009 年 2月，世界上最大的搜索引擎谷歌利用用户的搜索日志（其中包括搜索关键词、用户搜索频率以及用户 IP 地址等信息）的汇总信息，成功"预测"了当年流感爆发的时间和规模。

谷歌的研究结果公布出来以后，引起了社会的热议，这个例子从而也成了经典的案例。那么社会为什么会对这个例子予以如此迫切的关注呢？其原因就在于，如果在这个案例上成功了，谷歌就真正证明了大数据是"万能的"这件事，从而彻底颠覆社会对于大数据的看法。

然而理想很丰满，现实很骨感。谷歌流感趋势（GFT）"预测"最终还是失败了，而且失败得彻彻底底：相比于 2013 年实际的流感趋势，GFT 的预测偏差高达 140%。当谷歌黯然关闭 GFT 的时候，这个项目已经从"大数据运用的典范"变成了"大数据缺陷的典范"。

但 GFT 的失败并不能够抹杀大数据本身的价值。相反，这个项目很好地凸显出了很多大数据应用实践中的问题，也就是我们所说的"大数据的傲慢"，即认为大数据可以完全取代传统的数据收集方法，而非作为后者的补充。

现在有一种流行的说法认为，在大数据时代，"样本＝全体"，人们得到的不是抽样数据而是全数据，因而只需要简单地数一数就可以下结论了，复杂的统计学方法可以不再需要了。这种观点显然是错误的，大数据只提供信息但不对其解释，是不能被直接拿来使用的。统计学依然是数据分析的灵魂。打个比方说，大数据是"原油"而不是"汽油"，不能被直接拿来使用。就像股票市场，即使把所有的数据都公布出来，不做分析的话，股民依然不知道数据所包含的信息。

比如，要比较清华、北大两校同学数学能力整体上哪个更强，可以收集两校同学高考时的数学成绩作为研究的数据对象。从某种意义上说，这是全数据。但是，并不是说我们有了这个全数据就能很好地回答问题。

一方面，这个数据虽然是全数据，但仍然具有不确定性。入校时的数学成绩并不一定完全代表学生的数学能力。假如让所有同学重新参加一次高考，几乎每个同学都会有一个新的成绩。分别用这两组全数据去做分析，结论就可能发生变化。另一方面，事物在不断地发展和变化，学生入校时的成绩并不能够代表现在的能力。全体同学的高考成绩数据，仅对于那次考试而言是全数据。"全"是有边界的，超出了边界就不再是全知全能了。事物的发展充满了不确定性，而统计学，既研究如何从数据中把信息和规律提取出来，找出最优化的方案，也研究如何把数据当中的不确定性量化出来。

统计学已经渗透到我们生活中的方方面面，如果同学们有兴趣，我给大家推荐几本书：

[日本]西内启著，朱悦玮译，《看穿一切数字的统计学》，中信出版社，2013；

[美国]达莱尔·哈夫著，廖颖林译，《统计陷阱》，上海财经大学出版社，2002；

[英国]列纳德·蒙洛迪诺著，郭斯羽译，《醉汉的脚步——随机性如何主宰我们的生活》，湖南科学技术出版社，2010；

[美国]冯启思著，曲玉彬译，《对"伪大数据"说不：走出大数据分析与解读的误区》，中国人民大学出版社，2014。

数海钩沉

数学史上的三次危机

数学一向被认为是科学中最严格、精密、准确、可靠的,为何还会出现数学危机呢?

数学的发展并不是一帆风顺的,而时常出现悖论(有关悖论问题在第一册第二章中曾述及)。数学悖论的出现对数学理论来说是一件严重的事,因为它直接导致了人们对于相应理论的怀疑,而如果一个悖论所涉及的面十分广泛的话,甚至涉及整个学科的基础时,这种怀疑情绪又可能发展成为普遍的危机感,甚至引起人们对数学基础的怀疑以及对数学可靠性信仰的动摇,从而引发数学危机。数学史上曾经发生过三次数学危机,每次都是由一两个典型的数学悖论引起的。

第一次数学危机

毕达哥拉斯是公元前 5 世纪古希腊的著名数学家与哲学家。他曾创建了一个集政治、宗教、数学于一体的秘密学术团体,这个团体被后人称为毕达哥拉斯学派,其成员大多是数学家、哲学家、天文学家和音乐家。

毕达哥拉斯学派倡导的是一种称为"唯数论"的哲学观点,他们认为宇宙的本质就是数的和谐。毕达哥拉斯曾有一句名言"凡物皆数",意思是万物的本原是数,数的规律统治万物。

不过要注意的是,在那个年代,他们相信一切数字皆可以表达为整数或整数之比——分数,除此之外不再有别的数,即是说世界上只有整数或分数。简单而言,他们所认识的只是"有理数"。

当时的人只有"有理数"的观念是绝不奇怪的。对于整数,在数轴上是一点点分散的,而且点与点之间的距离是 1,那就是说,整数不能完全填满整条数轴,但有理数则不同了,我们发现任何两个有理数之间,必定有另一个有理数存在,例如:1 与 2 之间有 1/2,1 与 1/2 之间有 1/4 等。因此令人很容易以为"有理数"可以完全填满整条数轴,"有理数"就是等于一切数,可惜这个想法是错的,因为……

毕达哥拉斯学派有一项数学上的重大发现是证明了勾股定理。在国外,最早给出这一定理证明的是古希腊的毕达哥拉斯,因而国外一般称之为"毕达哥拉斯定理"。并且据说毕达哥拉斯在完成这一定理证明后欣喜若狂,而杀牛百只以示庆贺。因此这一定理又获得了一个带神秘色彩的称号:"百牛定理"。

然而,具有戏剧性和讽刺意味的是,毕达哥拉斯定理这一最重要的发现,把自己推向了两难的尴尬境地,成了毕达哥拉斯学派数学信仰的"掘墓人"。

毕达哥拉斯学派中有一个成员希帕索斯考虑了一个问题:边长为 1 的正方形其对角线长度是多少呢?他发现这一长度既不能用整数,也不能用分数表示。希帕索斯的发现导致了数学史上第一个无理数 $\sqrt{2}$ 的诞生。

小小 $\sqrt{2}$ 的出现,却在当时的数学界掀起了一场巨大风暴。它直接动摇了毕达哥拉斯学派的数学信仰,使毕达哥拉斯学派为之大为恐慌。实际上,这一伟大发现不但是对毕达哥拉斯学派的致命打击,对于当时所有古希腊人的观念都是一个极大的冲击。

"数即万物"的世界观被动摇了,有理数的尊崇地位也受到了挑战,因此也影响到了整个数学的基础,产生了极度的思想混乱,历史上称之为第一次数学危机。

其次,第一次数学危机的影响是巨大的,它极大地推动了数学及其相关学科的发展。

首先,第一次数学危机让人们第一次认识到了无理数的存在,它说明了"有理数"的不完备性,亦即有理数没有完全填满整条数轴,在有理数之间还有"缝隙",无疑这些都是可被证明的事实,是不能否定的。直到19世纪下半叶,现在意义上的实数理论建立起来后,无理数本质被彻底搞清,无理数在数学园地中才真正扎下了根。无理数在数学中合法地位的确立,一方面使人类对数的认识从有理数拓展到实数,另一方面也真正彻底、圆满地解决了第一次数学危机。

其次,第一次数学危机还极大地促进了几何学的发展,欧氏几何就是人们为了消除矛盾,解除危机,才应运而生的。从此古希腊人开始重视演绎推理,并由此建立了几何公理体系,使几何学在此后2000年间成为几乎是全部严密数学的基础,这不能不说是数学思想史上的一次巨大革命。

第二次数学危机

第二次数学危机导源于17世纪微积分工具的使用。

恩格斯在对《微积分》做评价时说:"在一切理论成就中,未必再有什么像17世纪下半叶微积分的发明那样被看作人类精神的最高胜利了!"

实际上,早在2500多年前,人类就已有了微积分的思想。

在西方:"数学之神"阿基米德(公元前287—前212),通过一条迂回之路,独辟蹊径,创立新法,是早期微积分思想的发现者,微积分是奠基于他的工作之上才最终产生的。

在东方:中国古代数学家刘徽(公元 263 年),一项杰出的创见是对微积分思想的认识与应用。刘徽的微积分思想,是中国古代数学园地里一株璀璨的奇葩。其极限思想之深刻,是前无古人的,并在极长的时间内也后无来者。

直到 17 世纪,作为一门新学科的微积分已呼之欲出。几乎在同一时期,微积分这一锐利无比的数学工具分别为英国的科学巨人牛顿和德国的数学家莱布尼茨各自独立发现。这一工具一问世,就显示出它的非凡威力。许许多多疑难问题在运用这一工具后变得易如反掌。

但是不管是牛顿还是莱布尼茨,他们所创立的微积分理论都是不严格的。两人的理论都建立在无穷小分析之上,但他们对作为基本概念"无穷小量"的理解与运用却是混乱的。

牛顿在一些典型的推导过程中,第一步用了无穷小量做分母进行除法,当然无穷小量不能为零,第二步牛顿又把无穷小量看作零,去掉那些包含它的项,从而得到所要的公式,在力学和几何学的应用证明了这些公式是正确的,但它的数学推导过程却在逻辑上自相矛盾。焦点是:无穷小量是零还是非零? 如果是零,怎么能用它做除数? 如果不是零,又怎么能把包含着无穷小量的那些项去掉呢?

因而,从微积分诞生时就遭到了一些人的反对与攻击。其中攻击最猛烈的是爱尔兰主教贝克莱,他的批评对数学界产生了最令人震撼的撞击。

贝克莱指出:牛顿在无穷小量这个问题上,其说不一,十分含糊,有时候是零,有时候不是零而是有限的小量;莱布尼茨的也不能自圆其说。

应当承认,贝克莱的责难是有道理的。"无穷小量"的方法在概念上和逻辑上都缺乏基础。牛顿和当时的其他数学家并不能在逻辑上严格说清"无穷小量"的概念。数学家们相信它,只是由于它使用起来方便有效,并且得出的结果总是对的。特别是像海王星的发现那样鼓舞人心的例子(参见第一册第五章),显示出牛顿的理论和方法的巨大威力。所以,人们不大相信贝克莱的指责。这表明,在大多数人的脑海里,"实践是检验真理的唯一标准"。

但是,这种在同一问题的讨论中,将所谓的无穷小量有时作为零,有时又异于零的做法,不得不让人怀疑,无穷小量究竟是不是零? 无穷小量及其分析是否合理?

由于贝克莱悖论的出现危及了微积分的基础,引起了数学界长达 2 个多世纪的论战,从而形成了数学发展史中的第二次数学危机。

直到 19 世纪,一批杰出数学家辛勤、天才的工作,终于逐步建立了严格的极限理论,并把它作为微积分的基础。其中做出决定性工作、可称为分析学的奠基人的是法国数学家柯西,他把无穷小量定义为以零为极限的量,至此柯西澄清了前人的无穷小量的概念。经过长达 2 个世纪的艰苦工作,重建微积分学基础,这项重要而困难的工作就这样经过许多杰出学者的努力而胜利完成了,微积分学这座人类数学史上空前雄伟的大厦终于建在了牢固可靠的基础之上,同时也宣布了第二次数学危机的彻底解决。

第三次数学危机

到 19 世纪,数学从各方面走向成熟。非欧几何的出现使几何理论更加扩展和完善;实数理论(和极限理论)的出现使微积分有了牢靠的基础;群的理论、算术公理的出现使算术、代数的逻辑基础更为明晰；等等。人们水到渠成地思索：整个数学的基础在哪里？

19 世纪下半叶，德国数学家康托尔创立了著名的集合论。在集合论刚产生时，曾遭到许多人的猛烈攻击。但不久这一开创性成果就为广大数学家所接受了，并且获得了广泛而高度的赞誉。人们感觉到，集合论有可能成为整个数学的基础。

其理由是：算术以整数、分数等为对象，微积分以变数、函数为对象，几何以点、线、面及其组成的图形为对象。同时，用集合论的语言：算术的对象可说成是"以整数、分数等组成的集合"；微积分的对象可说成是"以函数等组成的集合"；几何的对象可说成是"以点、线、面等组成的集合"。这样一来，都是以集合为对象了。"一切数学成果可建立在集合论基础上"这一发现使数学家们为之陶醉。数学家们发现，从自然数与康托尔集合论出发可建立起整个数学大厦。因而集合论成为现代数学的基石。

于是，集合论似乎给数学家带来了曙光：可能会一劳永逸地摆脱"数学基础"的危机。尽管集合论自身的相容性尚未被证明，但许多人认为这只是时间问题。

1900 年的国际数学家大会上，法国著名数学家庞加莱就曾兴高采烈地宣称："……借助集合论概念，我们可以建造整个数学大厦……今天，我们可以说绝对的严格性已经达到了……"

可是，好景不长，正当人们为集合论的诞生而欢欣鼓舞之时，1903 年，一个震惊数学界的消息传出：集合论是有漏洞的！这就是英国数学家罗素提出的著名的罗素悖论。于是数学家心里又开始忐忑不安。

罗素构造了一个集合 S：S 由一切不是自身元素的集合所组成。然后罗素问：S 是否属于 S 呢？根据排中律，一个元素或者属于某个集合,或者不属于某个集合。因此,对于一个给定的集合,问是否属于它自己是有意义的。但对这个看似合理的问题的回答却会陷入两难境地。如果 S 属于 S,根据 S 的定义,S 就不属于 S;反之,如果 S 不属于 S,同样根据定义,S 就属于 S。无论如何都是矛盾的。

罗素悖论有多种通俗版本,其中最著名的是罗素于 1919 年给出的**"理发师悖论"**:

在某村,一个理发师宣布了这样一条原则:他给且只给那些不给自己刮胡子的人刮胡子。

问题来了:这个理发师由谁来刮? 如果他给自己刮胡子,按照他的原则,他就不应该给自己刮胡子;如果他不给自己刮胡子,按照他的原则,他就应该给自己刮胡子。于是,无论如何也是矛盾的,看来,没有任何人能给理发师刮胡子了。

罗素悖论非常浅显易懂,而且所涉及的只是集合论中最基本的东西。所以,罗素悖论一提出就在当时的数学界与逻辑学界内引起了极大震动。

罗素悖论的出现,就像在平静的数学水面上投下了一块巨石,它动摇了整座数学大厦的基础,震撼了整个数学界,从而导致了第三次数学危机。

这一动摇所带来的震撼是空前的。许多原先为集合论兴高采烈的数学家发出哀叹:我们的数学就是建立在这样的基础上的吗?

危机产生后,数学家纷纷提出自己的解决方案。人们希望能够通过对康托尔的集合论进行改造,通过对集合定义加以限制来排除悖论,这就需要建立新的原则。数学家们通过建立一批公理化集合系统,在很大程度上弥补了康托尔朴素集合论的缺陷,成功排除了集合论中出现的悖论,从而比较圆满地解决了第三次数学危机。

　　以上简单介绍了数学史上由于数学悖论而导致的 3 次数学危机,从中我们不难看到数学悖论在推动数学发展中的巨大作用。有人说"提出问题就是解决问题的一半",而数学悖论提出的正是让数学家无法回避的问题。它对数学家说:"解决我,不然我将吞掉你的体系!"人们试想:在数学这个号称可靠性和真理性的模范里,每一个人所学的、教的和应用的那些概念结构和推理方法竟会导致不合理的结果。如果甚至于数学思考也失灵的话,那么应该到哪里去寻找可靠性和真理性呢?

　　数学悖论的产生和危机的出现并不可怕,它们尽管会在一定时期内给人们带来麻烦和迷茫,但危机往往是数学发展的先导,它们逼迫数学家投入最大的热情去解决它。随着危机的解决,思想获得大解放,数学观念得到极大的突破和创新,各种新的数学理论应运而生,数学由此获得了蓬勃发展,这或许就是数学悖论重要意义之所在吧。

拓展思维:证明$\sqrt{2}$不是有理数。

古希腊毕达哥拉斯学派将抽象的数作为万物的本源,研究数不是为了实际应用,而是为了通过揭露数的奥秘来探索宇宙的永恒真理。他们对数做过深入研究,并将自然数进行分类,如奇数、偶数、完全数、亲合数、三角数、平方数、五角数、六角数等等。下面来给大家说说有关完全数的精彩故事。

所谓完全数(Perfect number),又译作完美数或完备数,是这样一些特殊的自然数,它们所有的真因子(即除了自身以外的约数)的和,恰好等于它本身。

例如:第一个完全数是 6,它有约数 1、2、3、6,除去它本身 6 外,其余 3 个数相加,1+2+3=6。

第二个完全数是 28,它有约数 1、2、4、7、14、28,除去它本身 28 外,其余 5 个数相加,1+2+4+7+14=28。

对于"4"这个数,它的真约数有 1、2,其和是 3,比 4 本身小,像这样的自然数叫作"亏数"。

对于"12"这个数,它的真约数有 1、2、3、4、6,其和是 16,比 12 本身大,像这样的自然数叫作"盈数"。

完全数就是既不盈余,也不亏欠的自然数。

毕达哥拉斯是最早研究完全数的人,他已经知道 6 和 28 是完全数。

毕达哥拉斯曾说:"6 象征着完满的婚姻以及健康和美丽,因为它的部分是完整的,并且其和等于自身。"有些《圣经》注释家认为,6 和 28 是上帝创造世界时所用的基本数字,因为上帝创造世界花了 6 天,28 天则是月亮绕地球一周的日数。哲学家圣·奥古斯丁说:"6 这个数本身就是完全的,并不因为上帝造物用了 6 天;事实上,因为这个数是一个完全数,所以上帝在 6 天之内把一切事物都造好了。"

完全数诞生后,吸引着众多数学家与业余爱好者像淘金一样去寻找,他们没完没了地找寻这一类数字,2000 多年来一直没有停止过。

接下去的 2 个完全数可能是在公元 1 世纪由毕达哥拉斯学派成员尼克马修斯发现的,他在其《数论》一书中有一段话如下:也许是这样,正如美的、卓绝的东西是罕有的,是容易计数的,而丑的、坏的东西却滋蔓不已;是以盈数和亏数非常之多,杂乱无章,它们的发现也毫无系统。但是完全数则易于计数,而且又顺理成章:因为在个位数里只有一个 6;十位数里也只有一个 28;第三个在百位数的深处,是 496;第四个却在千位数的尾巴上,是 8128。它们具有一致的特性:尾数都是 6 或 8,而且永远是偶数。

但在茫茫数海中,第五个完全数要大得多,居然藏在千万位数的深处! 它是 33550336,它的寻求之路也更加扑朔迷离,直到 15世纪才由一位无名氏给出。

完全数有许多奇妙的性质:

1. 它们都能写成连续自然数之和(三角形数):

$6=1+2+3$

$28=1+2+3+4+5+6+7$

$496=1+2+3+\cdots+30+31$

2. 除 6 以外,它们都可以表示成连续奇立方数之和:

$28=1^3+3^3$

$$496 = 1^3 + 3^3 + 5^3 + 7^3$$

$$8128 = 1^3 + 3^3 + 5^3 + \cdots + 15^3$$

$$33550336 = 1^3 + 3^3 + 5^3 + \cdots + 125^3 + 127^3$$

3. 都可以表达为 2 的一些连续正整数次幂之和:

$$6 = 2^1 + 2^2$$

$$28 = 2^2 + 2^3 + 2^4$$

$$496 = 2^4 + 2^5 + 2^6 + 2^7 + 2^8$$

$$8128 = 2^6 + 2^7 + 2^8 + 2^9 + 2^{10} + 2^{11} + 2^{12}$$

$$33550336 = 2^{12} + 2^{13} + 2^{14} + \cdots + 2^{24}$$

4. 完全数都是以 6 或 8 结尾。

5. 除 6 以外的完全数,被 9 除都余 1。

在自然数里,完全数非常稀少,用沧海一粟来形容也不算太夸张。有人统计过,在 1 万到 40000000 这么大的范围里,已被发现的完全数也不过寥寥 5 个;另外,直到 1952 年,在 2500 多年的时间里,已被发现的完全数总共才 12 个。

公元前 3 世纪,古希腊著名数学家欧几里得发现了一个计算完全数的公式:

如果 $2^n - 1$ 是一个素数,那么,由公式 $N = 2^{n-1}(2^n - 1)$ 算出的数必为完全数。

到了 18 世纪时,大数学家欧拉又从理论上证明:每一个偶完全数必定是由这种公式算出的。

也就是说,当且仅当 p 是素数,且 $2^p - 1$ 也是素数时,$2^{p-1}(2^p - 1)$ 是一个偶完全数。

例如,$6 = 2^1(2^2 - 1)$,$28 = 2^2(2^3 - 1)$,$496 = 2^4(2^5 - 1)$,$8128 = 2^6(2^7 - 1)$,等等。

若 p 为素数,且 $2^p - 1$ 也是素数时,称 $2^p - 1$ 为梅森素数,记

为 M_p。可以证明,若 2^p-1 是素数,则指数 p 也是素数;反之,当 p 是素数时,2^p-1(即 M_p)却未必是素数。

问题发生了戏剧性的转化:寻求完全数的问题,转化为寻求梅森素数的问题。

马林·梅森(Marin Mersenne,1588—1648)是 17 世纪法国著名的数学家和修道士,也是当时欧洲科学界一位独特的中心人物。由于他对这种素数做了大量的研究工作,所以用他的姓氏来命名。

由于梅森素数具有许多独特的性质和无穷的魅力,引无数英雄竞折腰,数百年来一直吸引着众多数学家(包括数学大师费马、笛卡儿、莱布尼茨、哥德巴赫、欧拉、高斯、哈代、图灵等)和无数业余数学爱好者对它进行探究。

2300 多年来,人类仅发现 49 个梅森素数,由于这种素数珍奇而迷人,因此被人们誉为"数海明珠"。自梅森提出其断言后,人们发现的已知最大素数几乎都是梅森素数,因此寻找新的梅森素数的历程也就几乎等同于寻找新的最大素数的历程。

梅森素数的探寻难度极大,它不仅需要高深的理论和纯熟的技巧,而且需要进行艰苦的计算。

在计算能力低下的公元前,人们仅知道 4 个梅森素数:M2、M3、M5 和 M7,即 3、7、31 和 127。发现人已无从考证。1456 年,又一个没有留下姓名的人在其手稿中给出了第 5 个梅森素数M13,即 8191。而在梅森之前,意大利数学家卡塔尔迪(1548—1626)也对这种类型的素数进行了整理,他在 1588 年提出了 M17 和 M19 也是素数,由此成为第一个在发现者榜单上留名的人。

在手算笔录的时代,每前进一步,都显得格外艰难。1772 年,在卡塔尔迪之后近 200 年,瑞士数学家欧拉(1707—1783)证明了M31 是一个素数,这是人类找到的第 8 个梅森素数,它共有 10 位数（$2^{31}-1=2147483647$），堪称当时世界上已知的最大素数,欧拉也因此成为第二个在发现者名单上留名的人。让人惊叹的是,这是在他双目失明的情况下,靠心算完成的。这种超人般的毅力与技巧让欧拉获得了"数学英雄"的美誉。

梅森曾预测了 4 个梅森素数:M31,M67,M127 和 M257,其中 M31 已经为欧拉证明,M127 也已获证明,其中漏掉了 3 个:M61,M89 和 M107。那么,M67 和 M257 是不是素数呢?

M67 的证明又是一个精彩的故事。

一言不发的"演讲":1903 年,数学家柯尔在美国数学学会的大会上做了一个报告。他先是专注地在黑板上算出 $2^{67}-1$,接着又算出 193707721×761838257287,两个算式结果完全相同! 换句话说,他成功地把 $2^{67}-1$ 分解为两个自然数相乘的形式,从而证明了 M67 是个合数。报告中,他一言未发,却赢得了现场听众的起立鼓掌,更成了数学史上的佳话。阅读这段历史,我们懂得了什么叫作"事实胜于雄辩"。记者好奇地问他是怎样得到这么精彩的发现的,柯尔回答"三年里的全部星期天"。

1922 年,数学家克莱契克验证了 M257 并不是素数,而是合数(但他没有给出这一合数的因子,直到 20 世纪 80 年代人们才知道它有 3 个素因子)。

于是乎,梅森的 4 个猜测获得了 2 正确、3 遗漏和 2 错误的成绩,但这无损于他的光荣。

在千年的探寻之旅中,伟大的欧拉也会犯错误,他在 1750 年宣布说找到了梅森的"遗漏":M41 和 M47 也是素数,但最终证明它们都不是素数。

在手工计算的漫长年代里,人们历尽艰辛,一共只找到 12 个梅森素数。

到了 20 世纪 30 年代,人类进入**计算机时代**,梅森素数的寻找速度大大加快。仅在 1952 年,就发现了 5 个梅森素数。

1963 年 9 月 6 日晚上 8 点,当美国数学家吉里斯通过大型计算机找到第 23 个梅森素数 M11213 时,美国广播公司(ABC)中断了正常的节目播放,在第一时间发布了这一振奋人心的消息,这在 ABC 的节目史上是绝无仅有的一次。吉里斯所在的美国伊利诺伊大学数学系全体师生更是激动地把所有从系里发出的邮件都敲上了"$2^{11213}-1$ is prime"($2^{11213}-1$ 是素数)的邮戳。

而到 1978 年 10 月,全世界几乎所有的大新闻机构(包括我国的新华社)都报道了以下消息:2 名年仅 18 岁的美国高中生诺尔(Noll)和尼科尔(Nickel)使用 CYBER174 型计算机找到了第 25 个梅森素数:M21701。

超级计算机的引入加快了梅森素数的寻找脚步,但随着素数 P 值的增大,每一个梅森素数的产生都更加艰辛,各国科学家及业余研究者们之间的竞争变得越来越激烈。

为了与美国人较劲,英国的哈威尔实验室也专门成立了一个研究小组来寻找更大的梅森素数。他们用了 2 年时间,花了 12 万英镑的经费,于 1992 年 3 月 25 日找到了新的梅森素数 M756839,这是人类发现的第 32 个梅森素数。

伴随着数学理论的改善,为了寻找梅森素数而使用的计算机功能也越来越强大,包括了著名的 IBM360 型计算机和超级计算机 Cray 系列。1996 年发现的 M1257787 是迄今为止最后一个由超级计算机发现的梅森素数,数学家使用了 Cray T94,这也是人类发现的第 34 个梅森素数。

使用超级计算机寻找梅森素数实在太昂贵了,梅森素数的探寻之旅似乎正变得离普通人越来越远。随着互联网时代的到来,出现了"网格"这一崭新技术,使梅森素数的搜寻又重新回到了"草根英雄,人人参与"的大众时代。

1996 年 1 月,美国数学家及程序设计师乔治·沃特曼(George Woltman)编写了一个梅森素数计算程序。他把程序放在网页上供数学家和数学爱好者免费使用,这就是闻名世界的"因特网梅森素数大搜寻"(Great Internet Mersenne Prime Search,GIMPS)项目,是全世界第一个基于互联网的分布式计算项目。任何拥有个人电脑的人都可以加入 GIMPS,成为一名梅森素数"猎人"。从 1997 年至今,所有新的梅森素数都是通过 GIMPS 分布式计算项目发现的。

该项目利用大量普通计算机的闲置时间来获得相当于超级计算机的运算能力,只要你去 GIMPS 的主页下载一个名为 Prime95 的免费程序,就可以立即参加该项目,一起踏上持续了千年的梅森素数探寻之旅。

为了激励人们寻找梅森素数和促进网格技术发展,总部设在美国的电子前沿基金会(EFF)于 1999 年 3 月向全世界宣布了为通过 GIMPS 项目来寻找新的更大的梅森素数而设立的奖金。它规定向第一个找到超过一百万位的梅森素数的个人或机构颁发 5 万美元的奖金;超过一千万位,10 万美元;超过一亿位,15 万美元;超过十亿位,25 万美元。

听起来非常诱人,但你也要知道,通过参加 GIMPS 计划来获得奖金的希望是相当小的。每一个参与者都在验证分配给他的不同梅森数,当然其中绝大多数都不是素数——只有大约 3 万分之一的可能性碰到一个素数,就像是大海捞针。所以,绝大多数研究者参与该项目并不是为了金钱,而是出于乐趣、荣誉感和探索精神。

美国软件工程师纳扬·哈吉拉特瓦拉是第一个获得 EFF 奖励的人。1999 年 6 月 1 日，住在美国密歇根州普利茅茨的纳扬·哈吉拉特瓦拉 (Nayan Hajratwala) 先生找到了第 38 个梅森素数：$2^{6972593}-1$，这也是我们知道的第一个位数超过一百万位的素

数。如果把它写下来的话，共有 2098960 位数字。因此，哈吉拉特瓦拉先生获得了 5 万美元的奖励。值得称道的是，哈吉拉特瓦拉将 5 万美元的奖金全部捐给了慈善机构。

而他所做的，就是从互联网上下载了一个程序，这个程序在他不使用他的奔腾 II350 型计算机时悄悄地运行。在经过 111 天的计算后，这个素数被发现了。

2008 年 8 月 23 日，美国加州大学洛杉矶分校数学系计算中心的雇员史密斯，通过 GIMPS 项目发现了第 46 个梅森素数 $2^{43112609}-1$，这一巨大素数有 12978189 位，如果用普通字号将它打印下来，其长度可超过 50km！

当时世界各地的主流媒体都对此事进行了报道，认为这是一项了不起的科研成果，著名的美国《时代》周刊将其评为"2008 年度 50 项最佳发明"之一。

由于史密斯发现的梅森素数已超过一千万位，他将有资格获得 EFF 颁发的 10 万美元大奖。虽然说史密斯是私自利用中心内的 75 台计算机参加 GIMPS 的，但由于为学校争了光，他受到了校方的表彰。

同人不同命！美国一家电话公司发现计算机经常出错，本来只需要 5s 就可以接通的电话号码，需要 5min 才能接通。最终查

出原来是雇员福雷斯特偷偷地使用公司内的 2585 台计算机参加 GIMPS，福雷斯特承认了自己"被 GIMPS 项目引诱"，他最后被公司解雇，并被罚款一万美元，这只能说是工作与私事没有分开，令人叹息。

2013 年 1 月，美国中央密苏里大学数学教授柯蒂斯·库珀领导的研究小组发现了第 48 个梅森素数 M57885161。这一发现被英国《新科学家》周刊评为"2013 年自然科学十大突破"之一。2016 年 1 月 7 日，库珀又发现第 49 个梅森素数 $2^{74207281}-1$。这个超大素数有 22338618 位。这已是库珀第四次通过 GIMPS 项目发现新的梅森素数。

在本书的编写过程中，又传来新的消息：沉寂了近两年的记录又被打破！在 2017 年 12 月 26 日，GIMPS 发现了已知的最大素数！

这是第 50 个梅森素数。新的素数 $2^{77232917}-1$，也被称为 M77232917，共有 23249425 位。它比上一个记录的素数大了近一百万位数，大到可以写满 9000 页纸。如果你每秒写 5 位数，占一英寸长（2.54cm），那么 54 天之后，你会有一个超过 118km，比以前的素数记录还要长 5km 的数字。

该素数的发现者乔纳森·佩斯（Jonathan Pace）是使用免费 GIMPS 软件的数千名志愿者之一，用 GIMPS 狩猎梅森素数长达 14 年。乔纳森是美国田纳西州一名 51 岁的电气工程师。此次发现将为乔纳森带来 3000 美元的 GIMPS 研究发现奖奖金。

有趣的是，这个 23249425 位的最大素数被日本一家出版社（虹色社）印成了书，4 天内在亚马逊上卖出了 1500 册，出版社不得不紧急加印。对此，出版社的负责人山口和男表示："根本没想过会卖成这样……"

20多年来,人们通过 GIMPS 项目已找到 16 个梅森素数,其发现者来自美国(10 个)、英国(1 个)、法国(1 个)、德国(2 个)、加拿大(1 个)和挪威(1 个)。世界上有 190 多个国家和地区超过 60 万人参加了这一国际合作项目,并动用了上百万台计算机(CPU)联网来寻找新的梅森素数。该项目的计算能力已超过当今世界上任何一台最先进的超级矢量计算机的计算能力,运算速度达到每秒 2300 万亿次。著名的《自然》杂志说:"GIMPS 项目不仅会进一步激发人们对梅森素数寻找的热情,而且会引起人们对网格技术应用研究的高度重视。"

梅森素数历来都是数论研究的一项重要内容,也是当今科学探索的热点和难点之一。自古希腊时代直至 17 世纪,人们寻找梅森素数的意义似乎只是为了寻找完全数。但自梅森提出其著名断言以来,特别是欧拉证明了欧几里得关于完全数定理的逆定理以来,完全数已仅仅是梅森素数的一种"副产品"了。

寻找梅森素数在当代已有了十分丰富的意义。寻找梅森素数是发现已知最大素数的最有效途径。自欧拉证明 M31 为当时最大的素数以来,在发现已知最大素数的世界性竞赛中,梅森素数几乎囊括了全部冠军。1989 年,$39158 \times 2216193 - 1$(不是梅森素数)登上了已知最大素数的宝座,直到 1992 年被 M756839 重新夺回。此后已知最大素数的桂冠再未旁落。

寻找梅森素数是测试计算机运算速度及其他功能的有力手段,如 M1257787 就是 1996 年 9 月美国克雷公司在测试其最新超级计算机的运算速度时得到的。梅森素数在推动计算机功能改进方面发挥了独特作用。发现梅森素数不仅需要高功能的计算机,它还需要素数判别和数值计算的理论与方法以及高超巧妙的程序设计技术等等,因此它还推动了数学皇后——数论的发展,促进了

神奇的数学

计算数学、程序设计技术的发展。

寻找梅森素数最新的意义是：它促进了分布式计算技术的发展。从最新的 15 个梅森素数是在因特网项目中发现这一事实，可以想象到网络的威力。分布式计算技术使得用大量个人计算机去做本来要用超级计算机才能完成的项目成为可能，这是一个前景非常广阔的领域。

梅森素数在实用领域也有用武之地，现在人们已将大素数用于现代密码设计领域。其原理是：将一个很大的数分解成若干素数的乘积非常困难，但将几个素数相乘却相对容易得多。在这种密码设计中，需要使用较大的素数，素数越大，密码被破译的可能性就越小。

由于梅森素数的探究需要多种学科和技术的支持，也由于发现新的"大素数"所引起的国际影响，使得对于梅森素数的研究能力已在某种意义上标志着一个国家的科技水平，而不仅仅是代表数学的研究水平。英国顶尖科学家、牛津大学教授马科斯·索托伊甚至认为，它的研究进展不但是人类智力发展在数学上的一种标志，同时也是整个科学发展的里程碑之一。

最后，有必要指出的是：素数有无穷多个，这一点早为欧几里得发现并证明。然而，梅森素数是否有无穷多个？这是目前尚未解决的著名数学难题；而揭开这一未解之谜，正是科学追求的目标。让我们以数学大师希尔伯特的名言来结束本文："我们必须知道，我们必将知道。"（We must know, we shall know.）

可以相信，梅森素数这颗数学海洋中的璀璨明珠正在以其独特的魅力，吸引着更多的有志者去寻找和研究。

拓展思维：证明素数有无穷多个。

道古桥与《数书九章》

杭州西溪路(杭大路和黄龙路之间,靠近杭大路)有一座石桥,叫"道古桥"。始建于南宋嘉熙年间,由南宋大数学家秦九韶建造,道古是他的字。

秦九韶,南宋数学家,字道古,生于约 1208 年,卒于约 1261 年,四川安岳人,祖籍鲁郡滋阳(今山东曲阜一带)。其父中过进士,1219 年调任都城临安(今杭州),全家住在西溪河畔。

1231 年,秦九韶考中进士,曾在湖北、安徽、浙江湖州、江苏为官。1238 年,他回临安为父奔丧,见河上无桥,两岸人民往来很不便,便亲自设计,再通过朋友从府库得到银两资助,在西溪河上造了这座桥。

桥建好后,原本没有名字,因桥建在西溪河上,习惯叫"西溪桥"。直到元初,另一位大数学家、游历四方的朱世杰来到临安,才倡议将"西溪桥"更名为"道古桥",并亲自书镌桥头。元大德十年(1306)《临安志》卷15记载,"为纪念建桥人道古,将'西溪桥'更名'道古桥',数学家朱世杰书镌桥头"。

20世纪80年代,因杭州城市发展,道古桥及周边老街被拆迁。2005年,在离开道古桥原址约80m的地方复建了道古桥。新桥由浙人教授蔡天新提议命名,桥名由著名数学家、中科院院士王元先生题写,碑文记载了道古桥的历史。"道古桥"的复名立碑,为杭城增添了一处不可多得的科学人文景观。

秦九韶是中国数学史乃至世界数学史上的一位不可多得的重要人物。

秦九韶自幼聪颖好学,兴趣广泛,思想活跃,对天文、音律、算术、建筑等学问都有浓厚的兴趣。他的父亲一度出任秘书少监,掌管图书,其下属机构设有太史局,这使他有机会博览群书,学习天文历法、土木工程和数学、诗词等。他在故乡曾为义兵首领,有着领兵打仗的才能。

秦九韶热爱数学,潜心钻研,广泛地收集历学、数学、星象、音律、营造等资料,进行研究。1244年,他辞官为母亲服丧3年,在这期间,他把历年积累下来的数学研究成果加以整理,精选了81道题目,于1247年9月,写出了20万字的划时代巨著《数书九章》十八卷,名声大振。加上他在天文历法方面的丰富知识和成就,曾受皇帝(宋理宗赵昀)召见。他在皇帝面前阐述自己的见解,并呈奏稿和"数学大略"(即《数书九章》)。可以说,秦九韶是第一个受皇帝接见的中国数学家。

《数书九章》是一部划时代的巨著,分为9大类,大衍、天时、田域、测望、赋役、钱谷、营建、军旅、市易,每类 9 个题目。《数书九章》继承了中国古代数学传统,特别是受到《九章算术》的影响,采用问题集的形式,这些问题构思精巧,引人入胜。每个问题之后大多附有解题步骤和解释这些步骤的草图算式。有许多题目相当复杂。例如第十三卷中有一题,仅已知条件就多达 88 条。第九卷中有一题答案竟有 180 条。《数书九章》是中世纪中国数学发展的一个高峰,是一部极为珍贵的数学著作。

《数书九章》一书中提出的"大衍求一术"(一次同余式组解法),在世界数学史上占有很高的地位。最早提出并记叙一次同余式数学问题的,是在公元四五世纪成书的《孙子算经》中的"物不知数"问题:今有物不知其数。三三数之剩二;五五数之剩三,七七数之剩二,问物几何?"答曰二十三"。这个问题虽然在《孙子算经》一书中已给出了解法,开创了一次同余式研究的先河,但由于题目比较简单,尚没有上升到一套完整的计算程序和理论的高度。换句话说,孙子只是给出了一个特殊例子。而在江苏淮安的民间传说里,这个故事可溯源到公元前二三世纪西汉名将韩信点兵的故事(详见第一册第三章)。

秦九韶在《数书九章》中,从完整的计算程序和理论上解决了这个问题,和现代数学中求最大公约数的辗转相除法类似,他把这种方法定名为"大衍求一术"。直到此时,由《孙子算经》"物不知数"问题开创的一次同余式问题,才真正得到了一个普遍的解法。

在西方,直到公元 18 世纪瑞士数学家欧拉、法国数学家拉格朗日才对这个问题进行研究。1801 年,德国数学家高斯在《算术探究》中,才明确得出这个问题的解法,并命名为"高斯定理"。但他不知道 500 多年前中国的数学家早已经有这个结论了。直到 1852 年,秦九韶的结果和方法被英国传教士伟烈亚力(与清代数

神奇的数学

学家李善兰合作译完欧几里得《几何原本》)介绍到欧洲,并被迅速从英文转译成德文和法文,引起了广泛的关注。1876年,德国人马蒂生指出,中国的这一解法与西方19世纪高斯《算术探究》中关于一次同余式组的解法完全一致,但后者已经比秦九韶晚了500多年。后来西方数学家便将"高斯定理"称为"中国剩余定理"了。这个定理可以说是中国人发现的最具世界性影响的定理。

《数书九章》一书中还记载了"正负开方术"(高次方程的数值解法),这也是当时世界最先进的数学成就。秦九韶在总结前人成果的基础上,把以"增乘开方法"为主体的高次方程数值解法发展到了十分完备的程度。在《数书九章》中,方程的系数既有正的,也有负的;既有整数,也有小数;方程的次数最高达10次方,如$x^{10}+15x^8+72x^6-864x^4-11664x^2-34992=0$。

1804年,意大利数学家鲁菲尼才首先获得了高次方程的数值解法。1819年,英国数学家霍纳也独立得到了求实根近似值的"霍纳法"。这个方法和秦九韶的"正负开方术"完全一样。但是,他们并不知道,"在13世纪以及更早的时期,中国人已经熟悉这种方法了"。由此可见,在世界上,是中国最早得出了高次方程的数值解法。在这方面,秦九韶的"正负开方术"比英国的"霍纳法"早572年,因此,应将这方法改为"秦九韶法"。

在《数书九章》的第五章中,秦九韶提出了"三斜求积"问题:"问沙田一段,有三斜(三角形的三边),其小斜一十三里(小边$a=13$),中斜一十四里(中边$b=14$),大斜一十五里(大边$c=15$)。里法三百步(每里300步)。欲知为田几何?"秦九韶对该题目的解答,转用现代的数学语言来说,就是:

已知三角形的三条边长分别为a,b,c,则面积为

$$S=\sqrt{\dfrac{a^2c^2-(\dfrac{a^2+c^2-b^2}{2})^2}{4}}$$

依照公式,代入 $a=13$, $b=14$, $c=15$,得到三角形的面积为 84 平方里。后人称该方法为"三斜求积术"。该公式看来很复杂,经过化简,这个三斜求积公式居然与著名的海伦公式是等价的。但如同中国其他古代数学书一样,秦九韶并没有在书中给出这公式的证明。

秦九韶所用的三斜求积问题有一个非常特别的地方:这个三角形的边长是 3 个连续的整数,而且面积也刚好是一个整数。只要大家细心想想就会了解,这是一个难得的"巧合",秦九韶一定是经过了精心的选择,才引用了该例子。

《数书九章》绝大部分问题都同当时社会生活实际需要密切结合,基本上都是现实意义下的数学内容。它的题目具体翔实,例如对耕地面积的计算,降水量的测量,赋税的计算,等等。

秦九韶在数学研究上耗用了大量心血,显示出他超凡的聪明才智。秦九韶刻苦钻研数学,结合当地实际生产和生活需要,将枯燥无味的数学变得妙趣横生,并且在战乱频繁的艰苦岁月中,费尽苦心写下了 20 万字的划时代巨著《数书九章》。他长年累月地钻研,连梦中都在思考数理问题,同时,他把所研究的成果毫无保留地奉献于世人,这种精神令人钦佩。

下面介绍一个在现代计算机算法中仍在普遍使用的**"秦九韶算法"**。

要求计算多项式 $f(x)=x^5+x^4+x^3+x^2+x+1$,当 $x=5$ 时的值。

算法 1:

$f(5) = 5^5 + 5^4 + 5^3 + 5^2 + 5 + 1 = 3125 + 625 + 125 + 25 + 5 + 1 = 3906$

算法 2：

$f(5) = (((((5+1) \times 5 + 1) \times 5 + 1) \times 5 + 1) \times 5 + 1 = 3906$

分析一下两种算法中各用了几次乘法运算和几次加法运算：

算法 1：共做了 $1+2+3+4=10$ 次乘法运算，5 次加法运算。

算法 2：共做了 4 次乘法运算，5 次加法运算。

一般地，设 $f(x)$ 是一个 n 次的多项式：

$f(x) = a_n x^n + a_{n-1} x^{n-1} + \cdots + a_1 x + a_0$

对该多项式按下面的方式进行改写：

$f(x) = a_n x^n + a_{n-1} x^{n-1} + \cdots + a_1 x + a_0$

$= (a_n x^{n-1} + a_{n-1} x^{n-2} + \cdots + a_1) x + a_0$

$= ((a_n x^{n-2} + a_{n-1} x^{n-3} + \cdots + a_2) x + a_1) x + a_0 = \cdots$

$= ((\cdots(a_n x + a_{n-1}) x + a_{n-2}) x + \cdots + a_1) x + a_0$。

要求多项式的值，应该先算最内层的一次多项式的值，即：

$v_1 = a_n x + a_{n-1}$，

然后，由内到外逐层计算一次多项式的值，即：

$v_2 = v_1 x + a_{n-2}, v_3 = v_2 x + a_{n-3}, \cdots, v_n = v_{n-1} x + a_0$。

这种将求一个 n 次多项式 $f(x)$ 的值转化成求 n 个一次多项式的值的方法，称为**秦九韶算法**。

秦九韶算法的特点：通过一次式的反复计算，逐步得出高次多项式的值，对于一个 n 次多项式，只需做 n 次乘法和 n 次加法即可。

而普通的方法需做 $1+2+\cdots+n-1 = \frac{1}{2} n(n-1)$ 次乘法。

另外值得一提的是，秦九韶为《数书九章》写的"序"，是一篇数学与语文高水平结合的杰作。如果我们要编一本《中华科技古文观止》，那么，《数书九章》是必选的名著。下面摘录几段译文。

周代的教育内容有"六艺"（礼、乐、射、御、书、数），数学是其中之一。学者和官员们，历来重视、崇尚这门学问。为了应用，人们要认识世界的规律，因而产生了数学。数学具有广泛的应用性。从大的方面说，数学可以认识自然，理解人生；从小的方面说，数学可以经营事务，分类万物。难道容许将数学视为一门浅近的学问吗？

自从"河图""洛书"，开创发现数学的奥秘；《周易》"八卦"、《九章算术》，在解决错综复杂问题时，显示了数学的精妙细微；"大衍术"在历法计算，以及解诸多问题中的应用，使数学的精微作用发挥到了极大。数学对于认识人世间各类事物的变化，无所不包。自然界中物质运动的聚散，也不能隐匿于数学之外。

后世的一些学者，把自己看得太高，鄙视前人的成就，不虚心学习，不继承发展，使数学这门学问中，有的内容几乎断绝失传。只有懂历法的历算家们，会乘除运算，但对高深的"开方术""大衍术"，就不通晓了。他们认为，官府的会计事务，只需少数人懂得加减计算就行了。数学家的地位和作用，而今，从不被人们所认识，当权人士对此状况，也听之任之。算学家只当作工具使用，数学这门学问遭到鄙视，也就理所当然了。

但我坚信，世间万物都与数学相关。于是，我很有兴趣地钻在数学之中，向学者、能人求教，深入探索数学之精微，初步取得了一些成果。对于数学的大的方面，认识自然，理解人生，我并没有什么发现；但在数学的小的方面，对于经营事务，分类万物，却有所得，我尝试以问答形式，拟出若干应用问题。历经多年，积累渐增，我怕一旦丢失甚为可惜，于是就取八十一个问题，分为九类，写出解题方法及运算程序,有的问题还在其中作图以示之。

秦九韶认为,当官的人一定要掌握数学的思想。这足以说明秦九韶对数学的高度重视。他看不起那些没有数学知识的同僚,对一般地方行政官吏不懂数学表示感慨。他自己对国家经济制度,以至营造等事无不精通,所以为官的秦九韶极力主张官吏要掌握数学知识,以便应用数学科学来进行管理。这种思想告诉我们,现代社会中管理者必须懂数学知识,不懂数学的管理者或企业领导人是不能够科学地进行管理的。

秦九韶和他的《数书九章》为世界科学的发展做出了重大的贡献,在世界数学史上占有极其光辉的一页。《数书九章》反映了古代中国在数学研究上的辉煌,而它的作者秦九韶更是做出了不可磨灭的贡献。《数书九章》是我们中华民族的骄傲,也是我们中国贡献给世界的不朽作品。

由于历史等多种原因,秦九韶的数学成就一直未被知晓和认可,直到近现代,才逐渐有人对其进行研究,但他的名气却是国外高于国内。美日等国常举行国际学术研讨会,我国于 1987 年在北京首次召开了该书成书 740 周年纪念暨学术研讨国际会议,对秦九韶进行了高度评价。

2005 年,牛津大学出版社出版了《数学史,从美索不达米亚到现代》,谈及 100 位数学家的工作,该书内容提要仅提及 12 位数学家,分别是阿基米德、托勒密、秦九韶、卡什、花拉子米、伽利略、牛顿、莱布尼茨、赫尔姆兹、希尔伯特、图灵和怀尔斯,其中秦九韶是唯一的中国人。

美国科学史家萨顿认为,秦九韶是"他那个民族,他那个时代最伟大的数学家之一",但他也是备受时代忽视的天才,其传世著作传抄了 600 年才印刷出版。

拓展思维:

　　证明:秦九韶的"三斜求积"公式与海伦公式是等价的,其中海伦公式是:设三角形的三边长分别为 a,b,c,则面积为多少?

纳皮尔与对数的故事

对数是中学数学的重要内容,在教材中,是按照"指数—对数"的模式引出对数的,这是经过优化的模式,也被证明是最易于接受的引出模式。但事实上,历史上是先有对数,后有指数,这在我们看来也许有点不可思议,因为我们大脑中一直出现的观念就是对数出现于指数之后,这一点除了教学顺序上的原因以外,对对数工具作用的认识不足也是一大原因:对数不就是拿来计算当"知道底数和幂,求指数"的嘛。实际上,对数的出现,当时只是为了解决在我们今天看来似乎并无多大必要的一个问题——将乘除法运算转化为加减法运算。

下面就来给大家说说有关对数的故事。

先说一个悲惨的故事。1707 年,英国有一支舰队刚刚打赢了法国舰队,得胜还朝。但是一场大雾让整个舰队迷失了方向,因为算错经度,误入暗礁区,有 4 艘船很快就触礁沉没了,2000 名士兵被淹死。

16、17 世纪,英、法加入了大航海的行列,开始了美洲殖民地的开拓,远洋贸易变得日益频繁。对于商人来说,与市场上的同类对手竞争,谁的航海定位越准确,意味着风险越低、利润越高。对海军也是,同样的战舰,定位越准确,航行的时间越短,而在战争中速度往往是决胜的关键。

那时的人们已经知道地球是球形,要在大洋上航行时判断位置,只要确定两个维度,一个是纬度,一个是经度。纬度的判断不难,有经验的船长只要根据太阳的位置,就可以大致估算出来。但这也是一件非常苦的事情。

影视作品中的海盗形象为什么大多戴一个眼罩?你总以为这是海盗在打打杀杀时被人戳瞎的,其实并非如此。在象限仪发明之前,古代的船长主要靠观测太阳来为自己导航,不过这个"GPS"可苦了这些船长们,由于长年观察太阳,一只眼睛视力受损,于是船长们一个个变成了"独眼龙"。

后来在发明了一种叫象限仪的仪器之后,这个问题就基本解决了。可是有一个问题,就是经度没有办法确定。纬度它是自然形成的,0°就是赤道,90°就是南北极,这是天然的,可是经度,你说哪里是0°,哪里是90°?你可以随便定。自从英国人把经过格林尼治天文台的那条经线规定为0°,很多人不服气,凭什么啊?

姑且不管哪里是0°,你在茫茫的大洋上航行,你怎么知道你转到多少度?

解决这个问题的原理,其实特别简单,实际上就是个时间问题。大家都知道地球360°,那么一天24小时,每走15个经度就是一个小时的时差,只要知道格林尼治时间现在是几点,然后和自己的时间减一下,把这个时差乘以15,就知道自己的经度了。

听上去好像很简单,但问题是怎么知道这个时间差呢?一旦到了茫茫大洋之上,我怎么知道格林尼治时间是多少呢?有人说那不废话吗,戴块表啊!问题是,当时到哪里去找这样的表呢?

经度的精确测量问题成为折磨欧洲人几百年的一个大难题,直到18世纪才得到有效解决,这归功于约翰·哈里森发明了高精度机械钟表。但是在哈里森之前的数百年里,人们只能求助于天文学家来解决,因为天空那么多星辰日月,就是人们最早、最精确的钟表,太阳、月亮、星星等天体就是上面的表针,随着时间的不同,天空上的星象会出现各种各样的变化,读懂这个钟表,就可以知道时间和经度了。这种方法称为星象法。

看到这里,大家可能会问,观测天体为什么可以确定时间呢?

16 世纪和 17 世纪之交,丹麦天文学家第谷和他的学生德国天文学家开普勒合作,从获得的大量观测材料中发现和概括出行星运动的规律,绘制了当时最精确的星图。有了高精度的星图,全欧洲的数学家开始了天体轨道的计算竞赛,预测未来几年每个时间点上天体所在的精确位置。英国天文学家以格林尼治天文台的时间为基准,再把时间和天体位置整理成详细的表格,公开出版发行。海上的人用六分仪观测天体位置,再去查那本高价天文表格,求得当地时间和格林尼治时间,知道两地的时间差,就知道现在的经度了。

要想预测天体的运行,其计算是极其烦琐和浩瀚的,我们不是经常用“天文数字”来形容一个很大的数吗? 由于当时常量数学的局限性,天文学家们不得不花费很大的精力去计算那些烦杂的“天文数字”,因此耗费了若干年甚至毕生的宝贵时间。

不仅是天文学,航海、工程、贸易以及军事的发展,都遇到了繁杂的计算难题,改进数字计算方法成了当务之急,客观上要求一种更为快捷的数学计算方法的出现。这时候,纳皮尔的出现,使问题出现了转机。

纳皮尔(Napier,1550—1617 年)是苏格兰数学家,1550 年出生在苏格兰首府爱丁堡,他从小喜欢数学和科学,并以其天才的 4 个成果被载入数学史。他也是天文学爱好者,在计算天休运行轨道数据时,也被浩瀚的计算量所折磨。

“看起来在数学实践中,最麻烦的莫过于大数字的乘法、除法、开平方和开立方,计算起来特别费事又伤脑筋,于是我开始构思有什么巧妙好用的方法可以解决这些问题。"——约翰·纳皮尔,《奇妙的对数表的描述》(1614)。

经过多年潜心研究大数字的计算技术,纳皮尔终于发明了对数。

当然,纳皮尔所发明的对数,在形式上与现代数学中的对数理论并不完全一样。在纳皮尔那个时代,"指数"这个概念还尚未形成,因此纳皮尔并不是像现行流行的代数课本那样,通过指数来引出对数,而是通过研究直线运动得出对数概念的。

那么,当时纳皮尔所发明的对数运算,是怎么一回事呢? 在那个时代,计算多位数之间的乘积,还是十分复杂的运算,因此纳皮尔首先发明了一种计算特殊多位数之间乘积的方法。让我们来看看下面这个例子:

$0,1,2,3,4,5,6,7,8,9,10,11,12,13,14,\cdots$

$1,2,4,8,16,32,64,128,256,512,1024,2048,4096,8192,$
$16384,\cdots$

这两行数字之间的关系是极为明确的:第一行表示 2 的指数,第二行表示 2 的对应幂。如果我们要计算第二行中两个数的乘积,可以通过第一行对应数字的加和来实现。

比如,计算 64×256 的值,就可以先查询第一行的对应数字:64 对应 6,256 对应 8;然后再把第一行中的对应数字加和起来:6 $+8=14$;第一行中的 14,对应第二行中的 16384,所以有:64×256 $=16384$。

纳皮尔的这种计算方法,实际上已经完全是现代数学中"对数运算"的思想了。回忆一下,我们在中学学习"运用对数简化计算"的时候,采用的不正是这种思路吗:计算两个复杂数的乘积,先查《常用对数表》,找到这两个复杂数的常用对数,再把这两个对数值相加，再通过《常用对数的反对数表》查出反对数值，就是原先那两个复杂数的乘积了。这种"化乘除为加减"，从而达到简化计算的思路，不正是对数运算的明显特征吗？

经过多年的探索，纳皮尔于 1614 年出版了他的名著《奇妙的对数定律说明书》，向世人公布了他的这项发明，书中借助运动学，用几何术语阐述了对数方法。

所以，纳皮尔是当之无愧的"对数缔造者"，理应在数学史上享有这份殊荣。

纳皮尔发明的对数使整个欧洲沸腾了。拉普拉斯认为，"对数的发现，以其节省劳力而延长了天文学家的寿命"。甚至有人说，对数的发现使现代化提前了至少 200 年。

对数的发明是数学史上的重大事件，天文学界更是以近乎狂喜的心情迎接这一发明。伟大的导师恩格斯在他的著作《自然辩证法》中，曾经把笛卡儿的解析几何、纳皮尔的对数、牛顿和莱布尼茨的微积分共同称为 17 世纪的三大数学发明。伽利略也说过："给我空间、时间及对数，我就可以创造一个宇宙。"

将对数加以改造使之广泛流传的是纳皮尔的朋友乔伯斯·布尔基（1561—1631），他通过研究《奇妙的对数定律说明书》，感到其中的对数用起来很不方便，于是与纳皮尔商定，使 1 的对数为 0，10 的对数为 1，这样就得到了以 10 为底的常用对数。由于我们的数系是十进制，因此它在数值上计算具有优越性。1624 年，布尔基出版了《对数算术》，公布了以 10 为底包含 1～20000 及 90000～100000 的 14 位常用对数表。

根据对数运算原理，人们还发明了**对数计算尺**。300 多年来，对数计算尺一直是科学工作者，特别是工程技术人员必备的计算工具，直到 20 世纪 70 年代才让位给电子计算器。尽管作为一种计算工具，对数计算尺、对数表都不再重要了，但是，对数的思想方法却仍然具有生命力。

宫崎骏的电影《起风了》，里面的主角是一个飞机设计师，绘制图纸的时候总是手里拿着一个长条状的东西：

这是什么东西呢？这就是对数计算尺。

在计算器发明之前，炮兵打个炮、工程师修个桥、设计师设计个飞机，都离不开计算尺。没有计算尺之前，人类社会是匍匐前进，有了计算尺之后，是步行前进。而计算器、计算机出现之后，才真正是跑步前进。

从对数的发明过程我们可以发现，纳皮尔在讨论对数概念时，并没有使用指数与对数的互逆关系，造成这种状况的主要原因是当时还没有明确的指数概念，就连指数符号也是在 20 多年后的 1637 年才由法国数学家笛卡儿（R. Descartes，1596—1650）开始使用的。直到 18 世纪，才由瑞士数学家欧拉发现了指数与对数的互逆关系。

对数的发明先于指数，成为数学史上的珍闻。

从对数的发明过程可以看到，社会生产、科学技术的需要是数学发展的主要动力。建立对数与指数之间的联系的过程表明，使用较好的符号体系对于数学的发展是至关重要的。实际上，好的数学符号能够大大地减少人的思维负担。数学家们对数学符号体系的发展与完善做出了长期而艰苦的努力。

中国近代数学的落后，在很大程度上要归因于缺乏一套好的数学符号体系。

对数符号 log 出自拉丁文 logarithm，最早由意大利数学家卡瓦列里（Cavalieri）所使用。20 世纪初，形成了对数的现代表示。为了使用方便，人们逐渐把以 10 为底的常用对数及以无理数 e 为底的自然对数分别记作 lgN 和 lnN。

和对数有关的故事非常多。在本丛书第一册第五章曾提到，蜂巢底盘的菱形的所有钝角都是 $109°28'$，所有的锐角都是 $70°32'$，但瑞士数学家柯尼希按"相同的容积下最节省材料"的数学方法计算，与观测值有 $2'$ 的误差。后来苏格兰数学家马克劳林用初等几何方法证实，计算值与观测值完全相同，于是"蜜蜂正确而数学家错误"的说法便不胫而走。结果后来发现不是柯尼希的错，而是他计算时使用的对数表印刷有误！

1744 年年初，当一场海难之后的调查公布于世的时候，海船触礁是因为航向偏离了 $2'$，而这 $2'$ 之差也是出自那本有误对数表。

各位同学在学习"对数"这一部分内容时，一定会对"对数"和"真数"这两个词的命名颇感兴趣，这两个词跟纳皮尔没有什么关系，完全是中国人的杰作。

对数于康熙年间传入中国，那时候对数的作用也如其最初的作用一样，是将乘除运算转化为加减运算。通过上面的例子可以看出，在整个运用对数进行计算的过程中，只有真数部分才是我们"真正要计算的数"，所以叫"真数"，而对数值只是起到一个桥梁的作用，所以对数最初叫"假数"，古汉语中的"假"有"借用"之意。到后来，由于人们用得最多的就是那张刻有"真数和假数的数学表"，"真数和假数对列成表，故称对数表"，往后"对数"这个词越加深入人心，后来干脆称假数为对数了。

对数作为一个数学工具出现，一开始主要解决两方面的问题：处理天文数字；简化乘、除、开方、乘方运算。随着数学的发展和计算工具的改进，这两个功能逐渐退化了，但对数并没有退出历史舞台，它的地位反而愈显重要，在数学这个大花园里不断绽放出新的艳丽花朵。

除了对数本身以外，最有故事的，要数自然对数的底"e"，这是一个非常有内涵的数，给它冠以"自然"的名头当然不一般，它和圆周率、黄金分割比一起被称作数学中的3朵金花，在很多学科中都有非常广泛的应用。由于大多数对于e的介绍都要以微积分为背景，所以在这里不再详细介绍，只推荐一本书《e的故事，一个常数的传奇》，大家可以当课外书看看，相信你看完后，会对数学满怀敬意。

民国高考试卷趣谈

　　清华和北大如今是国内公认的最好的高等学府,想要通过高考入学必须拥有极高的分数才行。大概穿越剧看多了,有位同学突发奇想:如果我穿越回 80 多年前的民国时代,我能考上北大清华吗?

　　从 1912 年清朝覆灭到 1949 年新中国成立的民国时代,是一个战乱频发、积贫积弱、山河破碎的乱世。这种糟糕的条件,却造就了不少迄今被怀念的大师。下面给大家翻一下故纸堆,聊聊民国高考的故事。

　　《潇湘晨报》报道,湖南怀化芷江侗族自治县档案馆近日在对民国民众教育类档案进行抢救性修复时,发现了一套 1933 年的国立清华大学入学考试卷。相对于现在的高考试卷,当时的考题无论是题型还是页数,都可谓短小精悍。来看看题目:

　　本国历史地理填空题:中国最大之米市在_____;最大之渔场在_____;陶业最盛之地在_____;产大豆最多之地为_____;产石油最富之地为_____;贸易额最多之商埠为_____。

　　世界历史地理填空题:欧战的结果_____国破裂,_____国、_____国疆土削减,_____、_____、_____等国新兴。

　　国文作文题:就下列五题中择一,文言白话均可。

　　苦热　晓行　灯　路　夜

英文作文题：Retell in English an incident from the San Kuo Chih(三国志演义)(About 150 words)

物理解答题：一飞机距地面 1000 呎(foot)，其速率为每小时 100 哩(mile)，正对某阵地水平飞行，设欲炸毁该阵地，问飞机应飞至何处，将炸弹掷下始能有效？并绘图说明之。

代数解析几何解答题：若数种二次曲面系由直线移动而成，试列举其名。

生物解答题：试述孟德尔氏之遗传定律并举例说明之。

化学解答题：试述冶金法之普通原理。

看了上述考题，你觉得还能考上清华大学吗？

作文题只给出了 5 个简单的词语"苦热""晓行""灯""路""夜"，要求考生选择其中一个写作，文言文白话文均可。这道题虽然看似简单，其实非常考验考生的功力。考生的文笔和情怀，一篇作文就能看得出来。而且相对于之前的八股取士，是一个非常大的进步。

英文作文题要求考生用大约 150 个单词的英文短文复述《三国志演义》中任意一个片段。虽然只有 150 个单词，但考虑到当时的教育水平，并不容易。考生也要对《三国志演义》有一定认识，否则并不容易作答。

数学考题考的是空间解析几何中关于"直纹面"的内容，现在属于高等数学的范畴，即使是现代的大学生，也未必有几个学过。

题目的数量不像今天这样排山倒海地压死你，但那个年代里，读书讲究博闻强识，博览群书，文化和学问的含金量高，所以大师多。如今普遍的情况是，专做题(还流行一个词叫"刷题")，除开考试科目教科书和教辅书，其他书一概抛至脑后。最要命的是，拼死拼活学来的东西根本不知道有什么用。比较上面考题，都是当时那个年代实用的知识，什么炸阵地、冶金、三国演义、产大豆、渔场什么的，和现实生活息息相关。

再来看两份试题（局部）：

1923年北京大学试题（理科）

（1）Solute the equation[解方程]

$$\sin 4\theta + \sin\theta = 0$$

（2）Prove that[证明]

$$\tan^{-1}\frac{3}{4} = 2\tan^{-1}\frac{1}{3}$$

（3）Show how to describe a triangle having given its angles and its perimeter.[已知三角形三角及周长，解此三角形。]

（3）Given the edge of a tetrahenron, find its height and volume.[已知正四面体棱长，求其高及体积。]

上海交通大学管理学院民廿年度招生试题（1931年）

MATHEMATICS(数学)

（1）Factor the fol lowing （a）$4a - 16b + 4a + 1$

（b）$4(a-b)^2 - 12(a-b)(e+9e^2)$ (c) $(27) - x^2 - 8$

（2）A motion picture film 120 feet long contains a certain number of individual pictures. If each picture were 0. 1 of an inch shorter,the same film would conttain 720 more pictures. how long is each picture?

（3）(a)Find the sum of the arithmetical series $49,44,39,\cdots$, to 17 terms. (b)Find the sum of the geometical series $-2, 2\frac{1}{2}, -\frac{1}{3}, \cdots$, to 6 terms.

（4）If two circles tangent at C and a common exterior tangent touches the circles in A and B, the angle ACB is a right argle.

（5）Homolgous sides of two similar polygons have the ratio of 5 to 9, the sum of the areas is 212 sq.fl. Find the area of each figure.

（6）Find all the positive angles less than 360° which satisfy the equation

$$\cos 2x + \cos x + 1 = 0$$

这一时期的数学试卷多为英文题目,这与当时的数学教育采用英文授课有关系。

数学教材普遍使用英文教材的主要原因有二:一是教者及学生还未能摆脱崇拜西文的心理,以为凡学科能用西文原书教授,便显得程度高深,于是即使在中文里有同样可用的书,他们也宁愿舍中而用西;二是中文出版的书质量太差,选择又少,不能满足各个学校的特别需求,所以不得不取材于西方。而且,所用英文课本都源于美国,而无欧洲国家。

现在的孩子考清华大学不容易,只有尖子生中的尖子才能实现,看了这民国时期的考卷,英文不好的考生,甚至连题目也看不懂,很多题目现在的大学毕业生都未必答得出,看来清华大学一直就是学霸聚集地啊。

那么,那些民国大师又是怎么考上大学的呢?说出来可能让人大跌眼镜。

据说朱自清、罗家伦、钱锺书、吴晗……这些大师当年的高考数学都是零分:

朱自清 1916 年参加北大招生考试,数学零分;

罗家伦 1917 年参加北大招生考试,数学零分;

钱锺书 1929 年参加清华大学招生考试,数学零分(一说 15 分);

吴晗 1931 年参加北大招生考试,数学零分;

臧克家 1931 年参加青岛国立大学招生考试,数学零分;

……

分析了民国的数学试卷,可以明白,不像当代数学高考题目多、题型丰富,当时就 5～6 题,而且都是解答题,确实没办法蒙些分数来,只能交白卷,得零分。

那他们又是怎么进入北大清华的呢？通过下面这两件发生在1917年的北大高考中轰动一时的事件,可略窥一二。

一件是关于梁漱溟的。

那年,已24岁的梁漱溟报考北京大学,因分数不够,遗憾落榜。就在他伤心失落的时候,却意外接到了北大校长蔡元培的聘书,邀请他担任北大讲师。这是怎么回事呢？原来蔡元培看过梁漱溟写的一篇文章,叫《究元决疑论》,这篇文章第一次用西方现代学说阐述佛教理论。蔡元培对这篇文章印象非常深刻,当他听说作者梁漱溟报考北大落榜时,就说了一句:"梁漱溟想当北大学生没有资格,那就请他到北大来当讲师吧!"于是,一个北大落榜生,转眼就成了北大讲师,创下了一段极具传奇色彩的文坛佳话。

另一件是关于罗家伦的。

那年高考结束后,胡适主持了阅卷工作,当看到罗家伦的国文试卷时,胡适大为赞赏,当即给了满分,并向学校力荐这位考生。可等第一次录取名单出来后,却没有罗家伦的名字。胡适很奇怪,就问招生处的人,原来,罗家伦虽然国文得了满分,但数学却是零分,按规定不能录取。

胡适连忙去找校长蔡元培求情,认为这样的人才不应该被拒之门外。蔡元培也一向主张兼容并蓄,不拘一格,就同意了胡适的请求。于是,一位未来的五四运动主将,就这样幸运地走进了北大的校门。

也许正是因为这次经历,后来担任清华大学校长的罗家伦也给予了跟他相似的考生很多关照,其中最有名的是录取钱锺书。

1929年,钱锺书报考清华大学,国文和英文成绩好得不得了,而数学却差得不得了,满打满算只得了15分。招生办的老师们犯了难,录取吧,数学成绩实在太差;不录取吧,又可惜了这么好的国文和英文,于是就把情况反映到了校长罗家伦那里。罗家伦一看,笑了,这不就是当年的自己吗?而且这小子数学还得了 15 分,比自己强多了!于是当场拍板,录取了这位后来被誉为"文化昆仑"的大才子。

在清华大学的招生中,这样的例子还有不少,比如大科学家钱伟长。

钱伟长被誉为中国近代力学之父,是响当当的大科学家,然而鲜为人知的是,他当年高考时,数学、物理、化学三门加起来总共才考了 25 分,而国文和历史却考了满分 100 分,被清华历史系破格录取。

那钱伟长后来为什么又成了科学家呢?是因为在他刚到大学的第二天,就爆发了"九一八事变",钱伟长一看,光学好国文和历史有什么用,打仗还得靠飞机大炮啊!于是他决定弃文从理,毅然从历史系转到了物理系,最终成为举世闻名的大科学家。

其实,所谓"民国大师"基本全为文科、社科人才,而极少数的几个理工科人才也基本上是欧美培养的。例如,钱伟长是在加拿大多伦多大学获应用数学博士学位,并在美国从事博士后科学研究。1946 年学成回国。

民国工科几乎没有人才,所以教育投入那么多,"大师"培养了那么多,但是国家毫无希望,人民生活毫无起色。

其实不光是上面提到的这几个人,在民国时期,几乎所有考生的数学都很差。在 1941 年,浙江大学、武汉大学、国立中央大学、西南联大,联合举行了一次招生考试,请注意,西南联大是由北大、清华、南开这 3 所大学组成的,也就是说,这 6 所大学基本上就是全国最好的 6 所大学,报考的学生也基本囊括了全国最优秀的学生,然而这次考试的数学成绩是怎样的呢?

据当时的《贵州日报》报道，全国总共 6406 人报考，录取了 1788 人，其中数学得 50 分以上的，只有 43 个人。真是惨不忍睹！

民国的学生为什么对数学这么没兴趣呢？这应该从中国的文化传统来找原因。

中国人向来讲究修身齐家治国平天下，不管是修身养性，还是考科举谋个一官半职，靠的都是诗词歌赋。而数学是个什么东西？在中国人眼里，就是记账、算账，都是伙计干的，师爷干的，我一个堂堂的读书人怎么能干这个呢？太有损身份了！

民国时期虽然是一个思想解放的时期，但文人的传统还是根深蒂固地存在着，重文轻理的现象非常普遍，所以也就不难理解为什么那么多学生都对数学没兴趣。甚至可以想象，那些得零分的考生，是否也有故意为之的心理，而主张录取他们的考官，是否也有轻视数学的心理？

总之，数学敢考零分，和考零分照样上大学，都只能发生在那个特殊的时代，现在的人看过就算了，如果你也想跟他们一样，那就死定了。

纵观历史，世界上的强国，如英法德俄美等，无一不是数学强国。数学为什么那么重要呢？因为数学是所有科学的基础。自然科学最后都归结为数学和物理，而物理的基础也是数学。社会科学现在也越来越数学化。历史学已经成为历史统计学；经济学，语言学，心理学等，都逐渐成为数学的分支；哲学也是数学。逻辑学本身就是数学。

中华人民共和国成立后，教育侧重于社会发展，所以教育侧重于工科。工科都是很多人合作出结果的，即使有原子弹、核潜艇、三峡大坝、载人航天这么多成就，你也数不出几个"大师"来。有人说"民国后无大师"，显然是失之偏颇的。新中国的教育培养了大批人才,根本不是几个"民国大师"所能望其项背的。

拓展思维:

你能解答下面 3 个民国高考试卷中有关三角学的试题吗?

1. Solute the equation: $\sin 4\theta + \sin \theta = 0$.

2. Prove that $\tan^{-1} \dfrac{3}{4} = 2\tan^{-1} \dfrac{1}{3}$.

3. Find all the positive angles less than $360°$ which satisfy the equation $\cos 2x + \cos x + 1 = 0$.

最伟大的十个公式

英国科学期刊《物理世界》曾让读者投票评选"最伟大的公式",并在 2004 年 10 月公布了评选结果,最终榜上有名的十个公式中,既有无人不知的"$1+1=2$",又有著名的 $E=mc^2$;既有简单的圆周公式,又有复杂的欧拉公式……这些公式不仅仅是数学家和物理学家的智慧结晶,更是人类文明的集中体现。每一个公式都深深影响了人类社会的变革,甚至塑造了人类的思想。这些公式中有些你很熟悉,有些你也许不那么熟悉。作为人类的我们有必要了解这些公式,了解人类的思想历程。

下面让我们一起来了解和欣赏一下这些公式。

Top 1　麦克斯韦(Maxwell)电磁学方程组

有人问:"神舟十号"上天后,人们是怎样知道它是否到达预定的地点呢?

回答:通过无线电波呗。

是的,无线电广播、电视、人造卫星、导弹、宇宙飞船等,传递信息和跟地面的联系都要利用电磁波。现代社会的各个部门,几乎都离不开"电磁波",可以说"电"作为现代文明的标志,"电磁波"就是现代文明的神经中枢。

那么,电磁波是什么? 它是怎样产生的?

麦克斯韦方程组,就是"电磁波"的预言。

麦克斯韦于 1831 年生于英国爱丁堡,数学天才加上敏锐的物理直觉,使他很快成为一位卓越的物理学家。

麦克斯韦最重要的贡献,是他在 1864 年所提出的一组电磁学方程组——它由 4 个偏微分方程式组成(亦可转换成积分方程式),每个方程式对应一个重要的电磁学定律。有意思的是,各定律皆非他所发现,但是他将 4 个定律放在一起,并整理成形式统一的数学式——电的高斯定律、磁的高斯定律、法拉第定律,以及经他修正过的安培定律。

力学的基础由牛顿建立,同样,电磁学的基础是"麦克斯韦的方程式",解开此方程式才能进入电磁学。麦克斯韦方程组是电磁学、电动力学的高度概括,可以说由此出发,可以导出整个电磁世界。原则上,宇宙间任何的电磁现象,皆为这 4 个定律所涵盖。

有趣的是,历史上是由此方程式先预知了电磁波的存在,然后才发现电磁波确实存在。

在提出这组完美的方程组之后,麦克斯韦进一步在这些数学式子中寻找新的物理现象,竟以纸笔推算出电磁波的存在,甚至连波速都算了出来。这个理论中的波速竟然和当时已知的光速非常接近,因此他做出一个大胆的假设:电磁波是真正存在的物理实体,而可见光是电磁波的一个特例。

遗憾的是,在他有生之年竟未能见证电磁波存在的客观证据。麦克斯韦的电磁场理论还只是一个预言,还有待于科学实验的证明。是德国物理学家赫兹把这个天才的预言变成了世人公认的真理。直到 1887 年,赫兹在实验室制造并测得电磁波,量到电磁波的波长与波速。实验数据与麦克斯韦的预测完全符合。而此时,麦克斯韦已在 8 年前英年早逝了。

进入 20 世纪后,电磁波的每个波段(包括无线长波、无线短波、微波、红外线、可见光、紫外线、X 射线、γ 射线)都找到了实用价值，成为人类不可一日或缺的伙伴。

麦克斯韦电磁场理论的建立具有伟大的历史意义，足以跟牛顿力学体系相媲美，它是物理学发展史中的一个划时代的里程碑。

如果你喜欢使用手机，你就应该感谢麦克斯韦。

Top 2　欧拉（Euker）公式 $e^{i\pi}+1=0$

此公式被称作数学中最令人着迷的公式，因为它将无理数中最为著名的 π 和 e 及最简单的虚数 i 放在了同一个式子中，同时加入了数学中最重要的两个常数 0 和 1，再以简单的加号相连。如此简洁的公式让虔诚的基督徒欧拉称之为"上帝创造的公式"。

欧拉被称为数学界的莎士比亚，他是历史上最多产的数学家，也是各领域（包含数学中理论与应用的所有分支及力学、光学、音响学、水利、天文、化学、医药等）著作最多的学者。数学史上称 18 世纪为"欧拉时代"。

欧拉的故事详见本书第一章。

Top 3　牛顿第二定律 $F=ma$

这个定律是说，加速度 a 与作用力 F 成正比，而与物体的质量 m 成反比，即：力越大，加速度也越大；质量越大，加速度就越小。

牛顿运动定律是力学领域的伟大发现。力学是说明物体运动的科学，其最重要的问题是物体在类似情况下如何运动。牛顿第二定律解决了这个问题；该定律被看作是古典物理学中最重要的基本定律。它也是牛顿力学的核心定律。牛顿运动定律广泛用于科学和动力学问题上。

第二定律的重要意义还在于，动力学的所有基本方程都可由它通过微积分方法推导出来。

牛顿在科学史上可以说是叱咤风云的超级巨星,在数学方面创立了微积分,在物理方面发现了万有引力定律和三大运动定律,还有反射式望远镜的发明、牛顿冷却定律等许多伟大的成就,无愧于最伟大的数学家和物理学家的称号。

牛顿的故事详见本书第一章。

Top 4 毕达哥拉斯定理 $a^2+b^2=c^2$

这就是我们熟悉的勾股定理,西方一般称为"毕达哥拉斯定理",因为他们相信这是古希腊数学家毕达格拉斯约公元前560年至公元前480年发现的。毕氏定理也可以用几何的形式来解释,那就是直角三角形直角边上的两个正方形的面积和等于斜边上正方形的面积。

希腊另一位数学家欧几里德在编著《几何原本》时,认为这个定理是毕达哥达斯最早发现的,所以把其称为"毕达哥拉斯定理",以后就流传开了。

Top 5 爱因斯坦质能互换定律 $E=mc^2$

阿尔伯特·爱因斯坦,这个当年被校长认为"干什么都不会有作为"的笨学生,经过艰苦的努力,成为现代物理学的创始人和奠基人,成为20世纪最伟大的自然科学家、物理学革命的旗手。

爱因斯坦发现,能量和质量是可以互换的,换一种说法,功可以按 $E=mc^2$ 公式被转化为质量。

由于能量是最单一、最本源的存在,所以可以说物质是能量的另一种表现形式,是能量在强相互作用下产生的,物质在一定的条件下可以完全释放出来,这就是质能互换定律。

那么这方程有什么用呢? 就拿我们每天低头不见抬头见的太

阳为例,太阳每分每秒都在进行着核反应向外辐射着能量,用质能关系我们可以得出太阳的质量在减小,太阳质量在减小也影响着我们地球的运转,地球的运动周期因此变慢了,不过其实这并没什么影响,因为光速本身是个很大的数,而光速的平方更是大得对地球影响甚微,不过在进行一些精密计算的时候,科学家们将不得不考虑这一事情,这是质能方程一个最直观的体现。

爱因斯坦发现了质能互换定律。人们既可以利用这个定律开发原子能来造福人类,也可以利用这个定律制造原子弹来毁灭人类。

Top 6　量子力学的薛定谔波动方程式

在 20 世纪 20 年代,世界物理学界新秀辈出,德布罗意和薛定谔是他们的代表。

埃尔温·薛定谔是奥地利物理学家,1887 年生于维也纳。薛定谔从德布罗意思想中得到启发:既然电子既是粒子,又是波,那么原子世界必定服从一个既能描述粒子运动,又能描述波的运动的方程式,它深刻反映出原子世界的运动规律,人们称之为"薛定谔方程"。

有了薛定谔方程,玻尔理论中解释不清的现象——电子的运动轨迹得到了合理解释。电子并不是只能待在某些轨道上。在薛定谔方程中,电子能待在原子世界内任何地方,只是出现在轨道上的可能性要大得多。这样一来,电子不像绕太阳运转的行星,而是像环绕在高山顶尖四周的一片云彩。"电子云"较密的地方就是电子容易出现的地方……

薛定谔方程是世界原子物理学文献中应用最广泛、影响最大的公式。由于对量子力学的杰出贡献,薛定谔获得了 1933 年诺贝尔物理学奖。

Top 7 最基本的数学公式"1＋1＝2"

大家第一眼看到这个一定感到惊讶,想不到"1＋1＝2"也能算作一个公式。不过既然是投票选出来的,那也只好承认它的存在了。

恰恰是如此简单的式子,叩开了我们认识数字世界的大门。

顺便科普一下,另一个跟"1＋1"有关的话题是哥德巴赫猜想,即任何一个大于 2 的偶数可以写成两个质数的和的形式,这个定理困扰了数学家近 300 年,至今既没有被证明,也无人能找到反例。无数人宣布过成功证明但又都被告知存在缺陷,这也算是数学界的一个期待吧。

Top 8 德布罗意的物质波方程式

德布罗意是法国贵族的后裔,生于 1892 年。他善于从历史的观点出发研究自然科学问题,其最杰出的贡献就是在思考光学史的时候提出了物质波的思想。

从这一思想出发,德布罗意仔细考虑了爱因斯坦的相对论和光量子概念,并把问题倒过来考虑。他提出了一个崭新的现点:电子不仅是一个粒子,也是一种波,它还有"波长"。这一观点后来被两个美国物理学家证实,他们在一次实验事故中意外发现了电子产生的衍射,而衍射是典型的波动特性。德布罗意由于在物质的波动性方面做出了杰出贡献而获得了 1929 年诺贝尔物理学奖。

德布罗意按照光的二重性之间相互关系的样子推出了波动方程式,就是德布罗意公式。具有这种频率的波就是德布罗意波。后来玻恩建议给它取个更恰当的名字:几率波。

Top 9　傅立叶变换（FFT）

20 世纪 60 年代，电子计算机的技术也达到一定的水准，足以快速处理大量资料。

1965 年，Cooler 和 Tukey 发表《一个复数傅立叶级数之机械计算法则》论文，改进了离散傅立叶转换的演算，提出了快速傅立叶转换（FFT：Fast FouierTransform）算法。它的价值在于使用更快的计算方式来节省计算机的时间，降低了数字讯号处理中乘法的运算量，使得更多更复杂的讯号得以快速的处理，改善了数字讯号不能实时处理的问题，为数字讯号的实时处理带来了希望，因此，快速傅立叶转换 FFT 是数字讯号处理发展史上的一个重要里程碑。

数字讯号处理从此随着数字电子计算机和集成电路的发展结合，这就是数字讯号处理器的前身。

Top 10　圆的周长公式 $C=2\pi r$

大家在小学时就学过两个著名的公式：圆的周长 $C=2\pi r$；圆的面积 $S=\pi r^2$，其中，r 为圆的半径，π 为圆周率。

探求圆周的长与圆的面积，是早期数学发源地之一。古今中外，为了计算圆周率越来越精确的近似值，一代又一代的数学家为这个神秘的数贡献了无数的时间与心血。

19 世纪后，计算圆周率的世界纪录频频创新。进入 20 世纪，随着计算机的发明，圆周率的计算突飞猛进。借助于超级计算机，人们已经得到了圆周率的 2061 亿位精度。

德国的鲁道夫几乎耗尽了一生的时间，于 1609 年得到了圆周率的 35 位精度值，以至于圆周率在德国被称为鲁道夫数。把圆周率的数值算得这么精确,实际意义并不大。现代科技领域使用的圆周率值,有十几位已经足够了。如果用 35 位精度的圆周率值,来计算一个能把太阳系包起来的一个圆的周长,误差还不到质子直径的百万分之一。现在人们计算圆周率,多数是为了验证计算机的计算能力,还有就是为了兴趣。

拓展思维解答

《数学史上的三次危机》拓展思维解答：

解答：设 $\sqrt{2}=\dfrac{p}{q}$，其中 p，q 为即约整数，

则 $2=\dfrac{p^2}{q^2}$，$p^2=2q^2$，于是 p^2 为偶数，于是 p 为偶数，

设 $p=2m$，m 为整数，则 $4m^2=2q^2$，$q^2=2m^2$，q^2 为偶数，于是 q 也为偶数，

与 p，q 为即约整数矛盾。

《千年探寻之旅》拓展思维解答：

解答：素数的个数是否是无穷的呢？答案是肯定的。最经典的证明在欧几里得的《几何原本》中就有记载，虽然过去了 2000 多年，但是至今仍然闪烁着智慧的光辉！它使用了现在证明常用的方法：反证法。具体的证明如下：

假设只有有限个素数 p_1，p_2，$\cdots$，p_n。

令 $N=p_1 \cdot p_2 \cdots p_n+1$。

如果 N 为素数，则 N 要大于 p_1，p_2，$\cdots$，p_n 中的任何一个，所以它不在那些假设的素数集合中；

如果 N 为合数，因为 N 被 p_1，p_2，$\cdots$，p_n 除均余 1，所以 N 的素因子肯定也不在假设的素数集合中。

所以原先的假设不成立。

因此，素数有无穷多个。

《道古桥与〈数书九章〉》拓展思维解答：

解答：$4a^2c^2-(a^2+c^2-b^2)^2$

$=(2ac+a^2+c^2-b^2)(2ac-a^2-c^2+b^2)$

$=[(a+c)^2-b^2][b^2-(a-c)^2]$

$=(a+c+b)(a+c-b)(b-a+c)(b+a-c)$

$=2p(2p-2b)(2p-2a)(2p-2c)$

$=16p(p-a)(p-b)(p-c)$

所以 $S=\sqrt{\dfrac{a^2c^2-(\dfrac{a^2+c^2-b^2}{2})^2}{4}}$

$=\sqrt{\dfrac{1}{16}[4a^2c^2-(a^2+c^2-b^2)^2]}$

$=\sqrt{p(p-a)(p-b)(p-c)}$

其中 $p=\dfrac{1}{2}(a+b+c)$。

《民国高考试卷趣谈》拓展思维解答：

1.解答：$\sin 4\theta=2\sin 2\theta\cos 2\theta=4\sin\theta\cos\theta\cos 2\theta$,原方程改为

$(4\cos\theta\cos 2\theta+1)\sin\theta=0$,

$\sin\theta=0,\theta=k\pi$;

$\cos 2\theta=2\cos^2\theta-1$,设 $\cos\theta=x$,则 $4x(2x^2-1)+1=0,8x^3-4x+1=0$,

$8x^3-4x^2+4x^2-4x+1=0,4x^2(2x-1)+(2x-1)^2=0,(2x-1)(4x^2+2x-1)=0$,

$x=\dfrac{1}{2},\theta=\pm\dfrac{1}{3}\pi+2k\pi$;

$4x^2+2x-1=0,x=\dfrac{-1\pm\sqrt{5}}{4}$,

若 $x=\dfrac{\sqrt{5}-1}{4}$，则 $\theta=\pm\arccos\dfrac{\sqrt{5}-1}{4}+2k\pi$；

若 $x=\dfrac{-\sqrt{5}-1}{4}$，则 $\theta=\pm(\pi-\arccos\dfrac{\sqrt{5}+1}{4})+2k\pi$。

2. 解答：$\tan^{-1}x$ 记号现已改为 $\arctan x$。题目改为：

$\arctan\dfrac{3}{4}=2\arctan\dfrac{1}{3}$。

证：$\arctan\dfrac{1}{3}=\alpha$，$\arctan\dfrac{3}{4}=\beta$，则 $\tan\alpha=\dfrac{1}{3}$，$\tan\beta=\dfrac{3}{4}$，且

α，$\beta\in(0,\dfrac{\pi}{2})$，

而 $\tan 2\alpha=\dfrac{2\tan\alpha}{1-\tan^2\alpha}=\dfrac{2\cdot\dfrac{1}{3}}{1-(\dfrac{1}{3})^2}=\dfrac{2}{3}\cdot\dfrac{9}{8}=\dfrac{3}{4}=\tan\beta$，所以 β

$=2\alpha$。

3. 解答：$2\cos^2 x+\cos x=0$，$\cos x=0$，$\cos x=-\dfrac{1}{2}$，

$x=90°$，$270°$，$150°$，$210°$。

参考文献

[1] 谈祥柏. 故事中的数学[M]. 北京：中国少年儿童出版社,2012.

[2] 赛奥妮·帕帕斯. 数学走遍天涯：发现数学无处不在[M]. 蒋声,译. 上海：上海教育出版社,2006.

[3] 刘鹏. 生活中无处不在的数学原理[M]. 北京：现代出版社,2012.

[4] 韩雪涛. 从惊讶到思考：数学的印迹[M]. 长沙：湖南科学技术出版社,2007.

[5] 高希尧. 数海钩沉——世界数学名题选辑[M]. 西安：陕西科学技术出版社,1982.

[6] 《科学美国人》编辑部. 从惊讶到思考：数学悖论奇景[M]. 北京：科学技术文献出版社,1982.

[7] 方均斌. 思想 故事 趣题 奇思[M]. 成都：四川大学出版社,2010.